Raimo Gareis

Elektrolokomotiven

von gestern

Band 1: Streckenlokomotiven

2
2
117 113-1
GSBURG

Raimo Gareis

Elektrolokomotiven
von gestern

Band 1
Streckenlokomotiven

KRONE

Die Deutsche Bibliothek-CIP-Einheitsaufnahme

Elektrolokomotiven von gestern
Band 1: Streckenlokomotiven

II. Auflage 2001

Herausgeber: Dieter Krone, Leichlingen/Rhld.
Konzept: Dr. Raimo Gareis, Oberschützen/Bgld.
Layout, Satz und Gestaltung: Dr. Raimo Gareis, Oberschützen/Bgld.
Druck: Druckhaus Locher GmbH, Köln

Bildnachweis:
Porträt Raimo Gareis über Klappentext: Fritz Kempe (†), Hamburg
alle anderen Bilder stammen vom Autor

ISBN 3-933241-18-9

Inhalt

DB
112 490-8

DB
112 488-2
103 113-7

Vorwort
Elektrolokomotiven des 20. Jahrhunderts vor der Kamera

Wiederum präsentiere ich Ihnen einen Band meiner Bildbuchreihe *Eisenbahnen von gestern*. Nach den Dampflokomotiven, den Diesellokomotiven und Dieseltriebwagen liegt jetzt der erste Teil der *Elektrolokomotiven von gestern* vor Ihnen. Anstelle eines Eingehens auf das Motivgebiet Elektrotraktion – das bleibt den nächsten Kapiteln vorbehalten – möchte ich dieses Mal damit beginnen, ein paar Gedanken über die Eisenbahnfotografie, die Aufnahmetechniken und -bedingungen, an Sie los zu werden, damit ich nicht allzu viele Anfragen einzeln beantworten muß.

Eisenbahnfotografie als einem Spezialgebiet der Fotografie - was ist denn so besonderes an diesen Motiven? Wenn Sie jemals versucht haben sollten, Lokomotiven mit der Kamera in den Griff zu bekommen, werden Sie bald bemerken, wie schwer das sein kann.

Beginnen wir......nicht mit der Kameraausrüstung, denn die ist eher sekundär. Fangen wir dagegen mit Alltäglichem an. Mit der Jahreszeit und der Tageszeit, die für Eisenbahnaufnahmen besonders gut und besonders schlecht geeignet sind. Blättern Sie zuerst einmal dieses Buch unter dem besonderen Aspekt der Jahreszeiten, in denen die Bilder entstanden sind, durch. Dabei wird Ihnen nicht entgehen, daß ein Großteil der Aufnahmen in den Wintermonaten fotografiert worden ist. Warum das? In der Winterzeit sind die Stunden in denen man ohne Blitzlicht fotografieren kann, besonders knapp. Es ist kalt und ungemütlich. Also? Beim genauen Hinsehen werden Sie bemerken, wie günstig schneebedeckter Boden für die Aufnahme von Lokomotiven ist. Lokomotiven sind – besonders bei Sonnenschein – schwierige Fotoobjekte. Denn sie bestehen fast immer aus bildwichtigen sehr hellen und extrem dunklen Teilen, die alle im Detail abgebildet werden wollen. Hier kommt der Schnee zur Hilfe. Er hellt gerade die dunklen Teile des Räderwerkes besonders gut auf und vermeidet das Zulaufen der Schatten.

Nächste Entscheidung: die Tageszeit. Dafür gibt es einen ganz harten Grundsatz: Eisenbahnfotografen sollten Frühaufsteher sein. Gleich aus mehreren wichtigen Gründen. Einmal sind es betriebstechnische Gründe der Eisenbahn, die mit dem Fotografieren wenig, mit der Beobachtung gerade seltener Lokbaureihen dafür umso mehr zu tun haben. In den frühen Morgenstunden gleich nach Sonnenaufgang ballt sich in den Eisenbahnzentren der Verkehr. Schüler und Studenten fahren in die Städte, Arbeiter an ihre Arbeitsplätze. Die Eisenbahn trägt dem durch erhöhte Verkehrsdichte Rechnung. Also: früh morgens gibt es besonders viele Fotomöglichkeiten, zumal auch alte Fahrzeuge in diesem Stoßverkehr noch oft aushelfen müssen.

Es gibt aber auch noch einen fototechnischen Grund für das Fotografieren in den frühen Morgenstunden. In diesen Stunden ist das Licht besonders aufregend. Es fällt wegen des noch tiefen Sonnenstandes streifend auf die Schienen und modelliert die Szenerie ganz besonders gut. Das warme Morgenlicht tut ein Übriges, um das Bild besonders gut gelingen zu lassen.

Das wäre es denn also? Nein! Es fehlt noch die Berücksichtigung eines wesentlichen Aspektes der Fotografie: das Wetter. Wieder lohnt sich ein kurzes Durchblättern dieses Buches. Und wieder wird Ihnen auffallen, daß ich ganz entgegen der alten Knipserregel *Mittags mit Sonne im Rücken* besonders viele Aufnahmen bei schlechten Wetterbedingungen geschossen habe. Also bei trübem Wetter, bei Regen und Schneetreiben. Solche Bedingungen vermindern den Kontrast und führen nicht so leicht zu ausgefressenen oder zugelaufenen Bildteilen.

Zum Schluß: bearbeiten Sie die Bilder mit dem Computer! Vor 20, ja noch 10 Jahren hätte man Sie um die neuen Möglichkeiten beneidet! Ohne Schwierigkeiten gelingt es, Gradation und Farbsättigung auf das gewünsche Maß zu bringen und die Bilder noch Ihren Vorstellungen zu präsentieren.

2

2
2
144 504-8

Von der Kohle zum elektrischen Strom
Auch die Energie wird mobil

Vier Energieträger können theoretisch für die Speisung von mobilen Motoren eingesetzt werden: Kohle und Gas für Dampfmaschinen, Öl für Dieselmotoren und elektrischer Strom für elektrische Maschinen nach dem Dynamoprinzip.

Mitte des 19. Jahrhunderts war die kohlegespeiste Dampfmaschine auf Rädern, die Dampflokomotive schon weit entwickelt. Das 19. Jahrhundert, das durch die Eisenbahn die Mobilität der Menschen begründete, war das Jahrhundert der Dampflokomotive als dem Inbegriff für moderne Technik. Dieselmotoren und elektrische Maschinen harrten dagegen noch der Erfindung durch die deutschen Ingenieure Rudolf Diesel und Werner von Siemens.

Zusammen mit dem Mechaniker J.G.Halske hatte dieser Werner von Siemens im 19. Jahrhundert eine Fabrik speziell für die Herstellung von elektrischen Kabeln gegründet und 1866 das elektrodynamische Prinzip entdeckt, das 1879 zur ersten elektrisch betriebenen Bahn führte. Das Ende des Jahrhunderts sah jetzt ziemlich plötzlich neben der Dampfmaschine auch die elektrischen Motoren und die Dieselkraft als weitere Möglichkeiten des Antriebs von Eisenbahnzügen. Vorerst allerdings beherrschte die Dampflokokomotive die Eisenbahnszene.

Zu Beginn des 20. Jahrhunderts gab es den ersten Durchbruch bei den Elektrofahrzeugen. Elektrisch angetriebene Straßenbahnen ersetzten die in den Großstädten schon weit verbreiteten Pferdebahnen. Sie wurden mit Gleichstrommotoren angetrieben, so wie sie auch heute noch bei einigen Privatbahnen wie zum Beispiel Stern & Hafferl in Oberösterreich und vielen Straßenbahnen anzutreffen sind.

Ausgedehnte Versuche der *Deutschen Studiengesellschaft für elektrische Schnellbahnen*, einer Vereinigung aller auf diesem Gebiet tätigen Firmen unter Führung von AEG und Siemens & Halske, auf der Strecke Berlin-Groß Lichterfelde mit Gleichstrom-, Drehstrom- und Einphasen-Wechselstromfahrzeugen erzielten schon 1903 die atemraubende Geschwindigkeit von über 210 km/h mit von AEG und Siemens & Halske erbauten Drehstrom-Triebwagen.

Aus diesen und vielen weiteren Versuchen kristallisierte sich schließlich der Einphasen-Wechselstrom als günstigste Energiequelle für den Betrieb von Vollbahnen – wie man damals im Gegensatz zu Straßenbahnen die großen Überlandbahnen nannte – heraus. Die älteste mit Einphasen-Wechselstrom seit 1905 betriebene Strecke von Murnau nach Oberammergau fiel erst 1938 an die Deutsche Reichsbahn. Ihre Lokomotiven konnten - zwar umgebaut – in den 70er und 80er Jahren noch immer auf ihrer alten Stammstrecke als älteste Elektrolokomotiven der Deutschen Eisenbahnen bewundert werden.

Viele andere Bauarten der Anfangszeit der elektrischen Traktion waren allerdings schon längst von den Schienen verschwunden und fristeten in wenigen Exemplaren nur noch im Museum ihr Dasein.

Auch in Österreich können interessanterweise die ersten Elektrolokomotiven noch immer – auch hier natürlich im Laufe der Zeit umgebaut und modernisiert – im Betrieb beobachtet werden. 1907 war der Betrieb auf der rund 100 km langen Gebirgsbahn von St. Pölten nach Mariazell eröffnet worden, nachdem schon 1904 die Bahn von Innsbruck nach Fulpmes mit elektrischen Triebwagen fuhr.

Aus diesen ersten Anfängen entwickelte sich im Laufe des 20.Jahrhunderts in Europa ein weit verzweigtes Netz elektrisch betriebener Eisenbahnen, das heute alle wirtschaftlichen Zentren umspannt und mit leistungsfähigen Schnellverbindungen für Personen- und Güterverkehr verbindet. Noch Ende der 70er Jahre bot sich dem Betrachter der elektrischen Eisenbahnen ein vielfältiges Bild mit alten und neuen Triebfahrzeugen. Ein Bild, das sich bald ändern sollte und schließlich zu diesem Bildband der Erinnerung an eine vergangene Zeit des technischen Aufbruchs führte.

1
169 003-1
1

Die Alpenregionen bestimmen die Entwicklung in Deutschland und Österreich

Die Wahl zwischen den einzelnen Energieformen für den Betrieb von Lokomotiven fiel zuerst in den Alpenregionen von Deutschland, Österreich und der Schweiz zugunsten der elektrischen Traktion aus. Aus heutiger Sicht könnte man vielleicht auf die Idee kommen, daß die Menschen in diesen Gebieten besonders naturverbunden und umweltbewußt waren und deswegen die saubere elektrische Energie der Luftverschmutzung durch Dampflokomotiven den Vorzug gaben. Aber solche Überlegungen waren den Menschen in der ersten Hälfte des 20 Jahrhunderts noch gänzlich fremd.

Die elektrische Traktion erschien damals aus rein technischen und wirtschaftlichen Gründen besonders attraktiv. Wirtschaftlich waren die Alpenregionen in der Lage, elektrischen Strom besonders preisgünstig mit Hilfe von Wasserkraftwerken zu erzeugen. Auch entfielen durch die Nähe solcher Kraftwerke zu den Einspeisstationen der Bahnen lange, verlustbringende Überlandleitungen. Vor allem aber spielten technische Überlegungen eine entscheidende Rolle bei der Entscheidung zugunsten einer elektrischen Traktion auf den Gebirgsstrecken der Alpentransversalen.

Die internationalen Alpenstrecken mit ihren starken Steigungen und engen Krümmungen forderten von Anfang an die Dampflokomotiven bis an die Grenze ihrer Leistungsfähigkeit. Dazu kamen schwierige Wetterverhältnisse im Winter. Alles zusammen machte bei den immer größer werdenden Zuggewichten den Einsatz von Vorspann- und Nachschublokomotiven zunehmend notwendig. Das mag für den beobachtenden Eisenbahnfreund ein faszinierendes Schauspiel abgegeben haben, für die Eisenbahner war es eine bis an die Grenzen ihrer Leistungsfähigkeit gehender Beruf und oft ein Ärgernis.

Anfang der 20er Jahre kristallisierte sich heraus, daß die elektrische Traktion leistungsstärkere Lokomotiven konstruktionsmäßig ermöglichte. Die Elektrifizierung der Arlbergstrecke wurde in Österreich trotz der schwierigen Finanzsituation der Nachkriegsjahre in Angriff genommen. Der Siegeszug der Gebirgslokomotiven nahm seinen Anfang.

Die guten Erfahrungen mit der elektrischen Zugförderung führten trotz des aufwendigen Oberleitungsbaus und der immer knappen Finanzmittel in Deutschland und Österreich bis zum zweiten Weltkrieg zur Elektrifizierung der meisten Strecken in den Alpen, der Strecken zwischen Stuttgart und Salzburg und einiger mitteldeutscher Verbindungen sowie erster von Breslau ausgehender Linien.

Als Lübecker kannte ich diese Entwicklungen nur aus den Zeitschriften, die von Zeit zu Zeit über neu erbaute Strecken berichteten. Bis zu dem Zeitpunkt, wo ich 1938 bei der Fahrt mit einem Urlaubszug von *Kraft durch Freude* plötzlich früh morgens in Salzburg einer Gebirgsschnellzuglokomotive der Bauart E 89, einem österreichischen Krokodil, gegenüberstand, die unseren Zug dann über die Tauernbahn nach Kärnten ziehen sollte. Das Erlebnis war für den zehnjährigen Jungen überwältigend. Förderhin interessierte ich mich auch für elektrische Triebfahrzeuge mit ihren eigenartigen Stromabnehmern und den so charakteristischen, malmenden Fahrgeräuschen.

Nachdem ich viel zu spät damit begonnen hatte, die ausklingende Dampflokära im Foto fest zu halten, begann ich Mitte der 70er glücklicherweise auch sofort, die alten Elektroloks in meine Dokumentationsfotografie mit einzubeziehen. Das Ergebnis meiner Bemühungen sehen Sie in diesem und dem folgenden Bildband. In diesem Band ziehen noch einmal die Elektrolokomotiven des vergangenen Jahrhunderts an Ihrem Auge vorbei, die vor allem die Hauptstrecken der DB und der ÖBB bevölkerten. Die Vielfalt der Konstruktionen, die verschiedenen Spielarten innerhalb einer Baureihe und die Varianten im Farbdesign werden auch Sie, der Sie wie ich ein Eisenbahnfreund sind, in den Bann ziehen. Mit den Lokomotiven zieht immer auch ein Teil unseres Lebens, ziehen wertvolle Erinnerungen an unserem geistigen Auge vorbei. Möge dieser Bildband deshalb nicht nur für mich sondern vor allem für Sie eine Quelle positiver Erlebnisse sein.

112 492-4
7
6

103 224-2

Streckenlokomotiven der Deutschen Bundesbahn

Die Bildersammlung der Elektrolokomotiven von gestern habe ich in zwei Bände unterteilt. Der hier vorliegnde erste Teil zeigt die sogenannten Streckenlokomotiven der Deutschen Bundesbahn und der Österreichischen Bundesbahnen. Zugegeben, das ist eine recht willkürliche Bezeichnung. Bei der Eisenbahn nennt man all diejenigen Fahrzeuge Streckenlokomotiven, die in ihrem Aktionsradius nicht nur auf den Bahnhofsbereich beschränkt sind, sondern vor allem die Strecke zwischen zwei Zielpunkten bedienen. Also Personenzug-, Schnellzug- und Güterzuglokomotiven. Im Gegensatz zu den Lokomotiven für Verschubaufgaben und den Spezial-Gebirgslokomotiven. Auch all die Elektrolokomotiven der Privat- und Industriebahnen in Deutschland und Österreich sind dem zweiten Band vorbehalten.

Die Streckenlokomotiven habe ich in diesem Band zuerst einmal in diejenigen der Deutschen Bundesbahn und diejenigen der Österreichischen Bundesbahnen unterteilt. Innerhalb dieser Staatsbahnen wählte ich der besseren Übersicht und Auffindbarkeit wegen eine Reihenfolge nach Baureihen ohne Rücksicht auf das jeweilige Datum der Indienststellung. Beginnen wir also bei der Deutschen Bundesbahn mit der jetzt schon legendären Baureihe 103.

Bilddaten Seiten 2 - 13

Legende:
Links die Seitenzahl, gegebenenfalls mit dem Zusatz o = oben, m = mittig, u = unten, l = links, r = rechts

2 DB 117 113-1 am 28.02.1978 im Hbf von Ulm
Weitere Bilder dieser Baureihe ab Seite 46
6o DB 112 490-8 am 25.04.1978 Einfahrt Hbf Köln
Weitere Bilder dieser Baureihe ab Seite 30
6u DB 112 488-2 und DB 103 113-7 bei der Ausfahrt aus der Hohenzollernbrücke in Köln-Deutz
8o ÖBB 1042.555 am 11.04.1978 vor der Silhuette des Traunsteins. Weitere Bilder ab Seite 140
8u DB 144 504.8 am 15.07.1979 bei Bad Reichenhall
Weitere Bilder dieser Baureihe ab Seite 80
10 DB 169 003-1 am 22.08.1978 im Bf Grafenaschau
Weitere Bilder dieser Baureihe ab Seite 92
11o DB 112 492-4 am 15.05.1981 bei Köln-Stammheim
11u DB 103 224-2 am 16.03.1978 bei Kissling
Weitere Bilder dieser Baureihe ab Seite 14
12u DB 120 005-4 am 12.03.1981 in München Hbf
Weitere Bilder dieser Baureihe ab Seite 58

DB
103 004-8

DB
103 140-0

DB
103 215-0

DB
103 133-5

DB
103 133-5

DB
103 215-0

DB 103

Ende der 50er Jahre war die Elektrifizierung der Hauptstrecken der Bundesbahn soweit fortgeschritten, dass man an die Einführung eines umspannenden Schnellverkehrs denken konnte. Dafür mussten zu gegebener Zeit Triebfahrzeuge bereitgestellt werden, die komfortable Schnellzüge der 1. Klasse mit maximal 200 km/h befördern konnten. Das BZA München entwickelte zusammen mit Henschel und Siemens die Baureihe E 03 in vier Prototypen, die besonderes Aufsehen auf der IVA München 1965 erregten, zumal für die Besucher ein Schnellverkehr mit einer Geschwindigkeit von 200 km/h zwischen München und Augsburg in über 200 Fahrten demonstriert werden konnte.

Die 145 Serienlokomotiven kamen ab 1970 vor TEE- und IC-Zügen zum vorgesehenen Einsatz und begründeten den IC-Taktverkehr in der Bundesrepublik vorerst für den 1. Klasse Berufsverkehr.

Die Einführung einer derart leistungsstarken E-Lok verlief nicht ohne kleinere und grössere Probleme, die sich nach Erhöhung des Zuggewichts durch beigefügte 2. Klassewagen ab 1978 noch vermehrten. Beim ersten Einsatz dieser Baureihe vor EC-Zügen von Frankfurt nach Wien erlebte ich z.B. mehrfach den Zusammenbruch des Bahnstromes beim Übergang auf das österreichische Netz hinter Passau.

Indienststellung: 4 Vorserienloks 1965
Serie 1970-74
Anzahl: 4 + 145 = 149 Lokomotiven
Hersteller: Krauss-Maffei, Henschel, Krupp
Elektrische Ausrüstung: Siemens

Achsanordnung: Co'Co'
Länge über Puffer: 19,50 m
Antrieb: Gummiring-Kardan-Hohlwellenantrieb
Stromabnehmer: SBS 65 Einheitsausführung
Dienstgewicht: 114 t
Leistung: 7500 kVA
Höchstgeschwindigkeit: 200 km/h

Einsatz: Ab 1970 vor TEE- und Fernschnellzügen. Ursprünglich nur für 4-7 Wagenzüge 1.Klasse konzipiert mussten ab 1978 nach Änderung der Marketingkonzeption auf IC-Verkehr nach dem Motto *Jede Stunde jede Klasse* auf 12-14 Wagen verlängerte Züge im hohen Geschwindigkeitsbereich über lange Strecken befördert werden. Durch diese neue Strategie wurden die Lokomotiven der Baureihe 103 in starkem Masse überfordert, was zu hohem Verschleiss führte. Nach Einführung der Baureihen 120 und 101 Abdrängung in den Schnellzug- und Interregioverkehr.
Die Ausmusterung hat 1999 begonnen.

DB
103 163-2

Bilddaten DB 103

Legende:
Links die Seitenzahl, gegebenenfalls mit dem Zusatz
o = oben, m = mittig, u = unten, l = links, r = rechts

14ol	DB 103 004-8 am 12.07.1983 Bw München Hbf
14or	DB 103 140-0 am 12.03.1981 München Hbf
14mr	DB 103 215-0 am 23.03.1999 Leipzig Hbf. Trotz neuer Farbgebung jetzt eine alte Lokomotive
14ul	DB 103 133-5 am 08.08.1982 Zwischen dem oberen Bild von 1982 und dem unteren von 1999 liegen über 2 000 000 Fahrkilometer vor schweren IC- und D-Zügen!
14um	DB 103 133-5 am 23.03.1999 Leipzig Hbf
14ur	DB 103 215-0 am 14.08.1982 Bf Köln-Deutz
15u	DB 103 118-6 am 30.09.1978 Aw Opladen
16o	DB 103 198-8 am 05.04.1978 bei Köln-Stammheim
16u	DB 103 163-2 am 15.04.1981 bei Köln-Flittard
17o	DB 103 202-8 am 21.03.1978 bei Köln-Flittard
17ul	DB 103 113-7 am 19.07.1971 im Bf von Bebra.

104 017-9

104 018-7

E 04 **DB 104**

Die Elektrifizierung der Hauptstrecke München-Stuttgart-Karlsruhe in den Jahren 1931-34 erforderte die Bereitstellung von leistungsfähigen Elektrolokomotiven für die Führung von Schnell- und Eilzügen. Deshalb wurden die schon im Raum Leipzig-Halle im Einsatz befindlichen Maschinen der Baureihe E 17, die für die mitteldeutschen Flachlandstrecken überdimensioniert waren, nach Süddeutschland umstationiert. Als Ersatz konstruierte AEG die Baureihe E 04, die zuerst im Raum Leipzig-Halle eingesetzt wurde.

Nach dem Krieg verblieben schliesslich nur sechs Maschinen im Bereich der DB. Sie kamen zuerst im Raum München zum Einsatz und wurden dort durch die E 10 nach Norddeutschland verdrängt. Zwischen 1968 und 1977 übernahmen sie den Grossteil des gehobenen Verkehrs zwischen Münster und Osnabrück mit Laufleistungen von deutlich über 10 000 km im Monat.

Indienststellung: 1933-35
Anzahl: 23 Lokomotiven in drei Baulosen
Hersteller: AEG

Achsanordnung: 1'Co1'
Länge über Puffer: 15,12 m
Antrieb: Kleinow Federtopf
Stromabnehmer: zuletzt DBS 54
Dienstgewicht: 92 t
Leistung: 2190 kVA
Höchstgeschwindigkeit: 130 km/h

Einsatz: 104 017-022 von 1968 ab im Raum Münster-Osnabrück-Bremen im Eil- und Personenzugverkehr. 14 der übrigen Maschinen bei der DR der DDR als Baureihe 204 im Raum Halle-Leipzig. Im Westen wurden die Maschinen 1976 aus dem Unterhaltungsbestand herausgenommen und ab 1977 bis 1980 nach Schadensfällen ausgemustert.

104 019-5

2
104 019-5

104 118-7

1
104 022-9
104 022-9

2
104 021-1

2
104 027-9
8
383

Bilddaten DB 104

18o DB 104 017-9 am 31.08.1977 bei Sudmühle
18u DB 104 018-7 am 31.08.1977 bei Dülmen
19u DB 104 022-9 am 17.01.1979 Münster Hbf
20o DB 104 019-5 am 31.08.1977 bei Sudmühle
20u DB 104 019-5 am 15.08.1978 bei Sudmühle, km 74.9
21o DB 104 018-7 am 05.04.1978 bei Sudmühle
21u DB 104 022-9 am 17.10.1979 Hbf Münster
22o DB 104 021-1 am 30.08.1977 bei Sudmühle
22u DB 104 022-9 am 31.08.1977 Hbf Münster
23or DB 104 017-9 am 05.04.1978 im Bw Münster
23u DB 104 021-1 am 31.08.1977 im Hbf Münster

110 150 0

110 140-1

DB
110 163-3

DB
110 242-5

DB 110

In der Bundesrepublik Deutschland wurde schon 1949 die Wiederaufnahme der Elektrifizierung der Hauptstrecken in Angriff genommen. Folglich musste schon früh entschieden werden, ob die bewährten Elektrolokomotiven der Vorkriegsbaureihen weitergebaut oder neuen Konstruktionen der Vorzug gegeben werden sollte. Die Entscheidung fiel zugunsten neuer Entwicklungen aus, die sofort bei den Herstellern in Angriff genommen wurden und 1952 zu fünf Prototypen führte. Aus ihnen wurde die erste Serie entwickelt, die als E 10.1 ab 1956 ihre Aufgaben übernahm. Eine für die Führung von FD-Zügen weiterentwicklete Lok erhielt erstmalig die ab E 10.3 allgemein zur Ausführung kommende *Bügelfalten* Frontpartie und wurde als E 10.12 (später 112) bezeichnet.
Die Maschinen der Baureihe 110 haben sich im Schnellzug-, Eilzug- und Personenzugverkehr sehr gut bewährt und werden weiterhin unterhalten.

Indienststellung: Prototypen 1952/53
Serie 110.1 von 1956 bis 1963
Serie 110.3 ab 1963 bis 1968
Anzahl: Prototypen: 5
Serie 110.1: 81
Serie 110.3: 31
Hersteller: Krauss-Maffei, Henschel, Krupp
Elektrische Ausrüstung: Siemens, AEG, BBC

Achsanordnung: Bo'Bo'
Länge über Puffer: 16,49 m, 110.3: 16,44 m
Antrieb: Serie: Gummiringfeder
Stromabnehmer: DBS 54
Dienstgewicht: 86,4 t, 110.3: 86 t
Leistung: 3700 kVA
Höchstgeschwindigkeit: 150 km/h

Einsatz: Vor Schnell-, Eil- und Personenzügen. Heute nur noch im Regionalverkehr.

110 415-7

110 415-7

110 107-0

DB
110 224-3

12
DB
110 137-7

DB
110 474-4

DB
110 343-1

110 178-1

110 393-6
27
6

GLEIS 4
GLEIS 3

DB
110 264-9

DB
112 500-4

DB
112 486-6

DB
112 311-6

DB
112 496-5

DB
112 488-2

DB
112 504-6

DB 112

Indienststellung: 1962-68
Anzahl: 31
Hersteller: Krauss-Maffei
Elektrische Ausrüstung: Siemens

Achsanordnung: Bo'Bo'
Länge über Puffer: 16,44 m
Antrieb: Gummiringfeder
Stromabnehmer: DBS 54
Dienstgewicht: 86 t
Leistung: 3700 kVA
Höchstgeschwindigkeit: 160 km/h

Einsatz: Vor den legendären *Rheingold* TEE-Zügen zuerst in blau/gelber Farbgebung, wobei zuerst Fahrzeuge aus der laufenden Serie der 110.1 entnommen und mit Getriebeübersetzung für 160 km/h versehen wurden. Nach Lieferung der 112 (damals E 10.12) wurden sie zu E 110.1 zurückgebaut.

Mit Lieferung der Baureihe 103 wanderten die Lokomotiven der Baureihe 112 in den Schnell- und Eilzugverkehr ab. Die letzte Serie der 112 wurde ab 1968 als Baureihe 114 geführt und später in die Baureihe 110 eingereiht. Der Rest der Baureihe 112 wurde nach der Fusion zur DB AG als 113 geführt, um Platz für eine neue Baureihe 112 zu machen.

DB
112 267-0
81
4

112 501-2

112 493-2

DB
112 489-0

DB
112 490-8
52
4

Bilddaten DB 110

24ol DB 110 150-0 am 30.03.1978 in Köln Hbf
24or DB 110 140-1 am 30.03.1978 in Köln Hbf
24ul DB 110 163-3 am 16.11.1982 in Nürnberg Hbf
24ur DB 110 242-5 am 27.09.1999 in Nürnberg Hbf
25u DB 110 002-3 am 07.11.1977 Aw Freimann
26ol DB 110 415-7 am 04.09.1982 bei Porz
26or DB 110 415-7 am 11.06.1983 bei Opladen
26ul DB 110 107-0 am 28.06.1982 im Bf Neckarelz
26ur DB 110 365-4 am 14.08.1982 in Münster Hbf
27ol DB 110 224-3 am 27.09.1999 in Nürnberg Hbf
27or DB 110 137-7 am 27.09.1999 in Nürnberg Hbf
27ul DB 110 474-4 am 19.07.1971 im Bf Bebra
27ur DB 110 343-1 am 27.09.1999 in Nürnberg Hbf

Auf diesen vier Seiten sind einige der zahlreichen Spielarten der Baureihe 110 im Bild vorgestellt. Neben den für die verschiedenen Zeitabschnitte typischen Farbgebungen und der Bügelfalten-Frontpartie der 110.3 fallen bei näherer Betrachtung noch viele weitere Variationen z.B. der Lampen, der Dachkanten, der Lüftungsgitter, der Pufferverkleidung, der Haltebügel und der Ausführung des DB-Emblems ins Auge.

28o DB 110 178-1 am 28.02.1979 in Lohausen
28u DB 110 393-6 am 07.09.1982 bei Sachsenheim
29o DB 110 365-4 am 14.08.1982 in Münster Hbf
29u DB 110 264-9 am 21.03.1978 bei Köln-Flittard

Bilddaten DB 112

30ol DB 112 500-4 am 24.05.1979 Aw Freimann
30or DB 112 486-6 am 30.03.1978 in Köln Hbf
30mr DB 112 311-6 am 28.11.1978 in Koblenz Hbf
30ul DB 112 496-5 am 28.11.1978 in Koblenz Hbf
30um DB 112 488-2 am 28.11.1978 in Mannheim Hbf
30ur DB 112 504-6 am 29.06.1983 im Bf Köln-Deutz
31ol DB 112 267-0 am 22.06.1983 bei Köln-Stammheim
31ml DB 112 486-6 am 30.09.1978 im Aw Opladen
31u DB 112 268-8 am 28.03.1982 Leverkusen-Manfort
32 DB 112 267-0 am 09.05.1984 Brücke bei Räber
33o DB 112 501-2 am 16.04.1981 bei Köln-Flittard
33u DB 112 493-2 am 17.10.1979 Münster Hbf
34o DB 112 489-0 am 13.08.1982 Bf Köln-Deutz
34u DB 112 490-8 am 22.06.1983 bei Bückeburg
35u DB 112 269-6 am 05.09.1978 bei Köln-Flittard

Einige der bei der Baureihe 110 schon vorgestellten Designvariationen finden sich natürlich auch bei den vergleichsweise wenigen Lokomotiven der Baureihe 112. Deutlich kann man die verschiedenen Haltebügelausführungen z.B. auf der Seite 30 erkennen. Ende der 70er Jahre waren bei den Lokomotiven 112 311-6 (Seite 30mr) und 112 269-6 (unten auf dieser Seite) die ursprünglichen Dachrinnen und das silbergrau gestrichenen Dach noch unverändert vorhanden. Auch das zuerst in Aluminiumdruckguss ausgeführte DB-Logo war teilweise noch nicht ersetzt.

DB
111 001-4

DB
111 031-1

DB
111 046-9

Sonderfahrt
DB
111 111-1

DB
111 027-9

DB
111 148-3

DB 111

Auch Anfang der 70er Jahre bestand noch ein Bedarf an Elektrolokomotiven für den regionalen Verkehr. So wurde die schon altgediente Baureihe 110 weiterentwickelt und auf den neuesten technischen Stand gebracht, ohne eine völlig neue Konzeption zu verfolgen.

Die unter Leitung des BZA München von allen Herstellern entwickelte und gebaute Lokomotive bewährte sich hervorragend und stellt heute immer noch das Rückgrat der DB für den mittelschweren Wendezugverkehr dar.

Indienststellung: 1974-84
Anzahl: 227 Lokomotiven
Hersteller: Henschel, Krauss-Maffei, Krupp
Elektrische Ausrüstung: AEG, BBC, Siemens

Achsanordnung: Bo'Bo'
Länge über Puffer: 16,75 m
Antrieb: Gummiringfeder
Stromabnehmer: DBS 54a und SBS 65

Die ersten 5 Lokomotiven wurden mit Einholstromabnehmern SBS 65 ausgeliefert, die schon bald an die Baureihe 103 im Austausch für DBS 54a Scherenstromabnehmer abgegeben wurden. Die Lieferungen ab 111 071 wurden dann wieder werksseitig mit SBS 65 Einholmstromabnehmern versehen

Dienstgewicht: 83 t
Leistung: 3700 kVA
Höchstgeschwindigkeit: 150 km/h

Einsatz: Die Baureihe 111 ersetzte ab 1974 zuerst die Baureihe 110 im gehobenen Personenzugdienst. Folgende Serien fanden dann Einsatz im S-Bahnverkehr zwischen Rhein und Ruhr und erstzten dort die Baureihe 420. Heute konzentriert sich ihre Verwendung daneben auf Interregio- und Nahverkehrszüge in Westdeutschland.

111 029-5
DB
181

DB
111 010-5

DB

Bilddaten DB 111

36ol DB 111 001-4 am 23.05.1979 im Aw Freimann
36or DB 111 031-1 am 04.06.1981 im Bw München
36mr DB 111 046-9 am 13.12.1982 im Bw München
36ul DB 111 111-1 am 10.04.1979 im Bf Langenfeld
36um DB 111 027-9 am 27.09.1999 Nürnberg Hbf
36ur DB 111 148-3 am 27.09.1999 Nürnberg Hbf
37ml DB 111 177-2 am 23.12.1982 bei Mülheim-Styrum
37u DB 111 198-8 am 27.09.1999 Nürnberg Hbf
38o DB 111 029-5 am 11.12.1977 bei Stadt Haag im Mostviertel von Österreich
38ul DB 111 010-5 am 25.05.1978 bei Schwarzach-St.Veit in Österreich
38ur DB 111 007-1 am 31.05.1977 bei Dinkelscherben
39o DB 111 159-0 am 16.04.1981 bei Köln-Stammheim
39ml DB 111 008-9 am 05.04.1977 bei Solnhofen
39u DB 111 090-7 am 15.07.1979 bei Hallthurm

1
116 006-8
1

2
2
116 008-4

2
2
116 018-3

E 16 — DB 116

Ursprünglich noch von den Bayerischen Staatsbahnen als Schnellzuglokomotive für die von München ausgehenden, seit 1923 elektrifizierten Strecken geplant, begann die Lieferung erst ab 1926. BBC, die den Zuschlag für die elektrische Ausrüstung erhielt übernahm den in der Schweiz schon erfolgreich eingesetzten, einseitigen Buchli-Antrieb und schuf damit die erste deutsche Elektrolokomotive ohne Stangenantrieb. Trotz vergrössertem Unterhaltungsaufwand bewährten sich die Lokomotiven in ihrer bis zu 50jährigen Dienstzeit sehr gut.

Indienststellung: 1926-32
Anzahl: 21 Lokomotiven in 3 Serien
Hersteller: Krauss
Elektrische Ausrüstung: BBC

Achsanordnung: 1'Do1'
Länge über Puffer: 16,30 m
Antrieb: Buchli-Antrieb
Stromabnehmer: Umbau mit Dozler-Wippe
Dienstgewicht: 110,8 t
Leistung: E 16 01-10: 2340 kVA
E 16 11-17: 2580 kVA
E 16 18-21: 2944 kVA
Höchstgeschwindigkeit: 120 km/h

Einsatz: Die Anfangs noch als ES 1 21 001-006 in Dienst gestellten Fahrzeuge übernahmen den Schnellzugverkehr zwischen Salzburg und Stuttgart sowie von München nach Garmisch-Partenkirchen. Aus diesem Dienst wurden sie von der E 18 in den Personenzugeinsatz abgedrängt.

Nach dem Krieg erlebte die Baureihe in den Jahren 1952-62 eine zweite Blütezeit, bis sie durch die neuen E 10 Loks endgültig in untergeordnete Dienste abgedrängt und schliesslich bis zur Abstellung der letzten Exemplare 1978 zwischen München und Freilassing eingesetzt wurde.

7
Abfahrt
1
116 008-4
7

2
116 009-2
8
9
DB

1
1
116 019-1

116 006-8
38
6

116 008-4
16
2

Bilddaten DB 116

40ol DB 116 006-8 am 03.08.1977 München Hbf
40or DB 116 008-4 am 04.08.1977 München Hbf
40mr DB 116 018-3 am 24.06.1977 beim Bw München
40u DB 116 006-8 am 07.10.1977 Aw Freimann
41ml DB 116 019-1 am 05.05.1977 bei München-Trudering
41u DB 116 008-4 am 20.04.1977 München Hbf
42o DB 116 008-4 am 02.08.1977 München Hbf
42u DB 116 009-2 am 02.03.1978 München Hbf
43 DB 116 019-1 am 03.05.1977 München Hbf
44o DB 116 006-8 am 03.05.1977 bei Grafing
44u DB 116 008-4 am 04.05.1977 bei München-Trudering
45o DB 116 019-1 am 09.08.1977 im Bw Freilassing
45ul DB 116 009-2 am 28.07.1977 München Hbf.

2
117 106-5
117 106-5

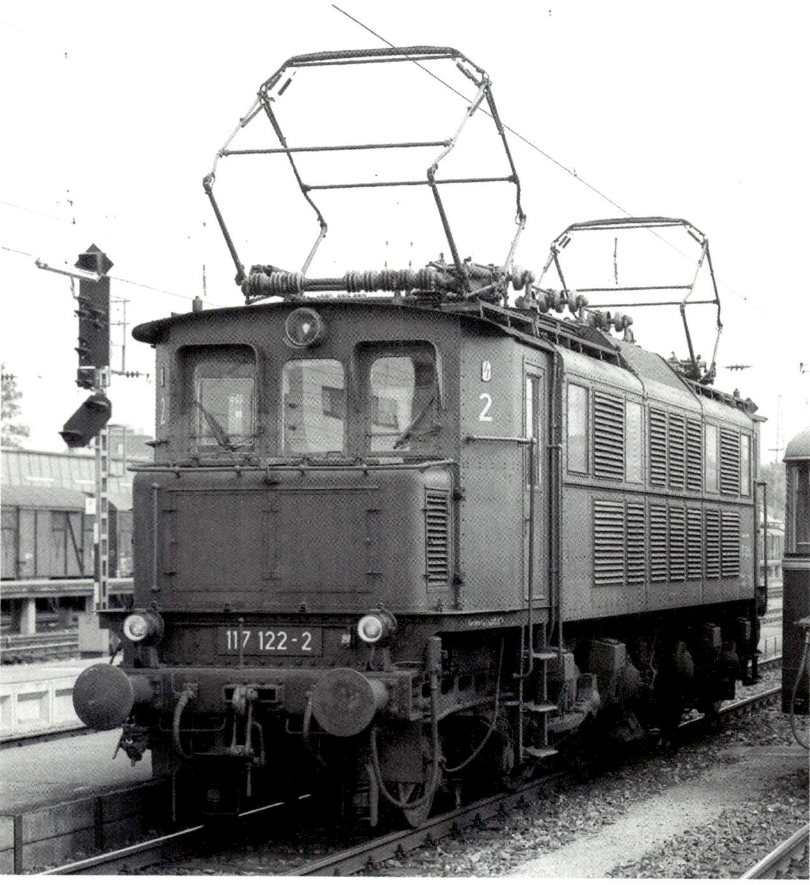
2
117 122-2

2
2
117 103-2

E 17

DB 117

Ende der 20er Jahre hatte die Deutsche Reichsbahngesellschaft die Elektrifizierung der süddeutschen, mitteldeutschen und schlesischen Strecken soweit vorangetrieben, dass ein Schnellzugverkehr in grösserem Umfang möglich wurde. Für diesen Verkehr bestellte die DRG 1927 bei AEG zunächst 33 Elektrolokomotiven der Bauart 1'Do1' mit Federtopfantrieb. Weitere 5 Maschinen enthielt eine zweite Bestellung.

Von diesen 38 Lokomotiven erhielten die RBD München 18, die RBD Leipzig 12 und die RBD Breslau 8 Maschinen. Durch die Kriegsereignisse bedingt gelangten 1945 nur 26 Fahrzeuge in die amerikanische Besatzungszone. Die restlichen gingen entweder verloren oder landeten nach abenteuerlichen Umwegen schliesslich bei der DR der DDR.

Nach Abstellung vor allem elektrischer Kinderkrankheiten bewährten sich die Maschinen dieser Baureihe in ihren über 40 Betriebsjahren im süddeutschen Raum sehr gut. Sie wurden vor dem Kriege schliesslich zur Ausgangskonstruktion einer Einheitselektrolokomotive, aus der die legendären Baureihen E 18 und E 19 hervorgingen.

Indienststellung: 1928-30
Anzahl: 38 Lokomotiven
Hersteller: AEG
Elektrische Ausrüstung: WASSEG (AEG + SSW)

Achsanordnung: 1'Do1'
Länge über Puffer: 15,95 m
Antrieb: Kleinow Federtopf
Stromabnehmer: DBS 54
Dienstgewicht: 111,7 t
Leistung: 2800 kVA
Höchstgeschwindigkeit: 120 km/h

Einsatz: Nach dem Krieg waren von den 26 im Westen verbliebenen Lokomotiven der Baureihe 117 im Bw Stuttgart 13 Maschinen stationiert, die restlichen wurden vom Bw Augsburg aus eingesetzt. Hierher kamen 1967 auch die Stuttgarter 117. Hauptaufgaben waren die Führung von Eil- und Personenzügen zwischen Ulm und München sowie Treuchtlingen nach Augsburg und München.

Die Abstellung begann 1971 und war im Sommer 1978 abgeschlossen.

126
117 012-5

117 106-5

117 107-3
125
9
F

117 112-3

117 114-9

117 114-9

Deutsche Bundesbahn
117 113-1
Gew d Lok 112 t

Bilddaten 117

46o DB 117 106-5 am 24.04.1977 im Bw Koblenz-Mosel
46ul DB 117 122-2 am 03.08.1977 Augsburg Hbf
46ur DB 117 103-2 am 03.05.1977 München Hbf
47u DB 117 112-3 am 26.04.1978 Augsburg Hbf
48o DB 117 012-3 am 05.04.1977 bei Solnhofen
48u DB 117 106-5 am 24.04.1977 im Moseltal
Eine Lokomotive der Baureihe 117 war im Moseltal eine Rarität. An diesem Tag fanden Sonderfahrten anlässlich eines Eisenbahnfestes im Bw Koblenz-Mosel zwischen Cochem und Koblenz statt.
49o DB 117 107-3 am 05.04.1977 bein Solnhofen
49u DB 117 112-3 am 04.04.1977 im Bf Solnhofen
50ol DB 117 114-9 am 17.08.1977 im Bw Augsburg
50or DB 117 114-9 am 17.08.1977 im Bw Augsburg
50ul DB 117 114-9 am 17.08.1977 im Bw Augsburg
50ur DB 117 113-1 am 28.02.1978 im Aw Freimann
51o DB 117 108-1 und DB 117 113-1 am 20.04.1977 im Vorfeld des Hbf München. Nur noch wenige Tage werden die 117er in München zu sehen sein.

118 021-5

118 028-0

118 002-5

118 010-8

Gleis
26
118 047-0

E 18
E 19

DB 118
DB 119

Nach den guten Erfahrungen mit den Baureihen E 04 und E 17 erhielt AEG 1933 den Auftrag auf der Basis des mechanischen Teils der E 17 und der elektrischen Ausrüstung der E 04 (die gerade mit 151,5 km/h einen Rekord aufgestellt hatte) eine Einrahmen-Elektrolokomotive für den Schnellverkehr auf den elektrifizierten Strecken zu konstruieren. Heraus kam die legendäre E 18, die auf der Weltausstellung 1937 in Paris gleich drei Grand Prix und zwei Diplome für die damals leistungsfähigste Einrahmen-E-Lok der Welt erhielt.

Die guten Erfahrungen mit dieser Lokomotive führte zu einem weiteren Auftrag an AEG bzw. Henschel/SSW zur Konstruktion einer noch leistungsfähigeren Maschine, die allerdings erst im Kriegsjahr 1939 als E 19 in Dienst gestellt werden konnte und über ein Prototypdasein nicht hinaus kam. E 18 Lokomotiven mit leichten Konstruktionsänderungen wurden auch an die BBÖ geliefert und verbleiben nach dem Krieg als Baureihen 1018 bzw. 1118 in Österreich (siehe dort).

Nach dem Kriege konnte die DB nach einem Loktausch mit der DDR und zwei Neubauten 41 E 18 in Süddeutschland im gehobenen Personenverkehr einsetzen. Erst mit der Indienststellung der DB 120 wurden die letzten Vertreter der Baureihe 118 überflüssig.

Die Lokomotiven der Baureihe E 19 waren bis zur Indienststellung der Baureihe 103 die schnellsten E-Loks der DB. Sie wurden vor allem im Schnellzugverkehr zwischen Nürnberg und München eingesetzt.

Indienststellung:
E 18: 1935-40, 054 und 055 1955
E 19: 1939-40
Anzahl: E 18: 55 E-Loks, E 19: 4 E-Loks
Hersteller: E 18: AEG, 054 und 055 Krupp
E 19: AEG, Henschel
Elektrische Ausrüstung:
E 18: AEG
E 19: AEG und SSW
Achsanordnung: 1'Do1'
Länge über Puffer: 16,92 m
Antrieb: Kleinow Federtopf
Stromabnehmer: zuletzt DBS 54
Dienstgewicht: E 18: 108,5 t, E 19: 110,7-113 t
Leistung: E 18: 3040 kVA
E 19: 4000 bzw. 4080kVA
Höchstgeschwindigkeit:
E 18: 150 km/h
E 19: 180 km/h, ab DB 140 km/h

Ausmusterung:
DB 118: Sommer 1984. 3 Loks blieben im Museumsbestand, E 18 08 in Grau.
DB 119: 1975 nach Transformatorschäden.

118 020-7

118 028-0
10
5

118 013-2
141 025-7

GLEIS
19
118 055-3
1

V
E18 08
E04 20

V
E19 01
E18 08

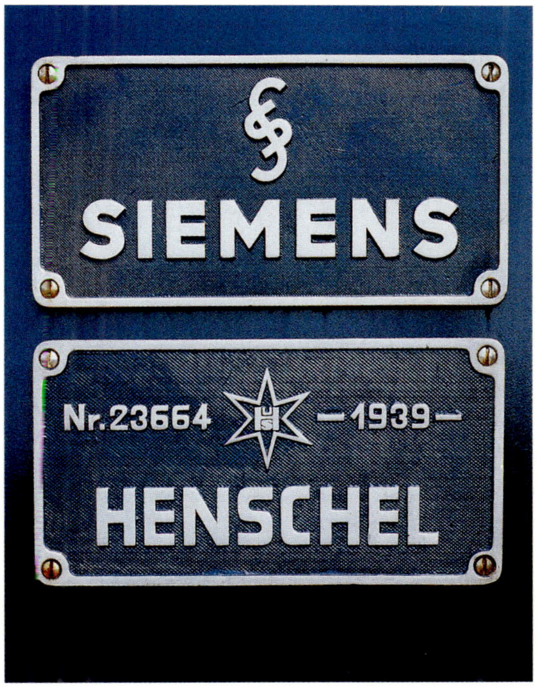

Bilddaten DB 118 und DB 119

52ol DB 118 021-5 am08.11.1977 in Nürnberg Hbf
52or DB 118 028-0 am0303.1978 bei der Einfahrt zum Hbf München
52ml DB 118 002-5 am 04.06.1981 im Starnberger Bf von München Hbf
52ul DB 118 010-8 am 07.10.1977 bei der Einfahrt zum Hbf München
52ur DB 118 047-0 mit grossen Leuchten am 22.04.1981 München Hbf
53ul DB 118 032-2 am 08.04.1981 in Lichtenfels
53ur DB 118 013-2 am 04.06.1981 in München Hbf
54o DB 118 020-7 am 16.03.1978 an einem Föhntag bei Kissing
54u DB 118 028-0 am 24.05.1979 bei München-Moosach
55o DB 118 028-0 am 07.10.1977 im Vorfeld von München Hbf
55u DB 118 055-3 am 22.04.1981 im Hbf München
56o,u DB E 18 08 und DB E 19 01 am 03.10.1985 auf der Jubiläumsausstellung zum 150jährigen Jubiläum der Bahn im Bw Bochum-Dahlhausen
57ol DB E 19 01 am 23.05.1979 im Aw Freimann
57or,ur DB E 19 12 am 07.10.1977 im Aw Freimann
57mr DB E 19 01 am 23.05.1979 im Aw Freimann

DB
120 003-9

DB
120 005-4

DB
120 127-6

DB
120 001-3

DB 120

Indienststellung: Vorserie: 1979/80,
Serie: 1987/89
Anzahl: Vorserie: 5, Serie: 60 Lokomotiven
Hersteller: Henschel, Krauss-Maffei, Krupp
Elektrische Ausrüstung: AEG, BBC, SSW
Achsanordnung: Bo'Bo'
Länge über Puffer: 19,20 m
Antrieb: Gelenk-Kardan
Stromabnehmer: Einholm SBS 80
Dienstgewicht: 84 t
Leistung: 5600 kVA
Höchstgeschwindigkeit: 200 km/h,
Vorserienloks mit geänderter
Getriebeübersetzung auch > 250 km/h

Die Baureihe 120 repräsentiert die erste Generation von Drehstromlokomotiven der Deutschen Bahn, die von vornherein für den universellen Einsatz vor Personen- und Güterzügen konzipiert war. Die Maschinen verfügen über alle technisch sinnvollen Ausrüstungen wie stufenlose Drehzahlregelung, automatische Fahr- und Bremssteuerung, Notbremsüberbrückung, Linienzugbeeinflussung, Steuerungen für Doppeltraktion und Wendezugbetrieb. Die Vorserienloks dienen heute der Erprobung neuer Komponenten und werden unter den Nummern 752 001-005 geführt.

DB
120 005-4

DB
120 112-8
E

Bilddaten DB 120

58ol DB 120 003-9 am 24.02.1983 München Hbf
58or DB 120 005-4 am 12.03.1981 München Hbf
58mr DB 120 127-6 am 23.03.1999 Leipzig Hbf
58u DB 120 001-3 am 23.05.1979 im Aw Freimann
59ol DB 120 107-8 am 23.03.1999 Leipzig Hbf
59u DB 120 005-4 am 12.03.1981 München Hbf
60o DB 120 005-4 am 12.03.1981 München Hbf
60u DB 120 122-8 am 23.03.1999 Leipzig Hbf
61o DB 120 153-2 und DB 120 140-9 Nürnberg Hbf am 27.09.1999
61ul DB 120 108-6 am 27.09.1999 Nürnberg Hbf

Man beachte bei den Loks im DB AG Look die Varianten mit und ohne roten Zierstreifen über dem Kontrastfeld an der Stirnseite.

GLEIS
2
139 131-7
29
4

139 134-1

139 314-9
29
3

139 313-1

Bilddaten DB 139

62o DB 139 131-7 am 09.06.1983 im Bf Titisee
62mr DB 139 314-9 am 09.06.1983 im Bf Titisee
62ul DB 139 134-1 am 90.06.1983 bei der Ausfahrt aus dem Gbf Gremberg
62ur DB 139 313-1 am 08.06.1983 im Bf Titisee
63o DB 139 312-3 am 09.06.1983 im Bf Titisee
63m DB 139 136-6 am 09.06.1983 im Bf Titisee
63ul DB 139 313-1 am 08.06.1983 im Bf Titisee

Auch bei der Baureihe 139 gab es die schon von der BR 110 gewohnten und sich bei den Baureihen 140 und 141 fortsetzenden Varianten im äusseren Erscheinungsbild. Sie entsprechen denen der DB 140, aus deren Baulosen die Maschinen der Baureihe 139 jeweils entnommen wurden.

DB
140 444-1

140 110-8

140 817-8

140 860-8

DB 139
DB 140

Die Lokomotiven der Baureihe 140 wurden aus der Konstruktion der DB 110.1 abgeleitet und mit geändertem Getriebeverhältnis auf die Aufgaben als Personen- und Güterzuglok für den Einsatz auf Flachlandstrecken optimiert. 31 Maschinen wurden darüberhinaus mit elektrischen Widerstandsbremsen für den Einsatz auf Steilstrecken ausgerüstet.

Während der fünzehnjährigen Beschaffungszeit flossen naturgemäss immer wieder aus den Erfahrungen des Alltagsbetriebs gewonnene Verbesserungen und Veränderungen in die Maschinen ein, die sich auch teilweise im Aussehen der Lokomotiven niederschlugen. Abgesehen vom Farbdesign fallen sofort die Unterschiede bei den Stirn- und Schlussleuchten auf, die bis zur Lok 140 166 gemeinsam und danach getrennt ausgeführt wurden. Bei genauerem Hinsehen fallen weitere Variationen auf. In den 70er Jahren wurden bei Hauptuntersuchungen die seitlichen Dachrinnen entfernt und das Dach grün lackiert. Ausserdem sind auch die seitlichen Lüftungsgitter mit den runden Ekken und waagerechten Lamellen gegen sogenannte Klattegitter, eckig und mit senkrechten Lamellen versehen, ausgetauscht worden.

Indienststellung: 1957-73
Anzahl: DB 139: 31 Lokomotiven
DB 140: 848 Lokomotiven
Hersteller: Krauss-Maffei, Henschel, Krupp
Elektrische Ausrüstung: SSW, AEG, BBC

Achsanordnung: Bo'Bo'
Länge über Puffer: 16,49 m
Antrieb: Gummiringfeder
Stromabnehmer: DBS 54
Dienstgewicht: 83-86 t
Leistung: 3700 kVA
Höchstgeschwindigkeit: 110 km/h
Zusatzausrüstung bei der BR 139:
Elektrische Widerstandsbremse

Einsatz: Die Baureihe 139 wurde speziell auf der Höllental- und Schwarzwaldbahn im Personen- und Güterzugverkehr eingesetzt, wo sie ab 1991 durch die Baureihe 143 abgelöst wurden.

Die Baureihe 140 wurde auf allen elektrifizierten Flachlandstrecken der DB im Personen- und Güterzugverkehr eingesetzt. Beide Baureihen werden noch voll erhalten.

Bilddaten DB 140

64ol DB 140 444 am 30.06.1982 bei Troisdorf
64or DB 140 110-8 am 18.06.1982 im Hbf Nürnberg
64mr DB 140 817-8 am 11.08.1982 im Hbf Nürnberg
64u DB 140 860-8 am 17.04.1978 bei
65ul DB 140 840-0 am 11.08.1982 im Hbf Nürnberg
65ur DB 140 617-2 am 22.06.1983 bei Köln-Stammheim
66ol DB 140 286-6 am 21-05.1981 bei Opladen
66mr DB 140 091-0 am 13.12.1977 bei Kochel
66u DB 140 455-7 am 07.09.1982 bei Sachsenheim
67o DB 140 860-8 am 18.04.1978 bei Hirschaid
67u DB 140 227-0 am 16.03.1978 bei Kissing

140 860-8

140 227-0

141 248-5
119
2
110%

DB
141 378-0

DB
141 001-8

DB
141 219-6

DB 141

Indienststellung: 1956-70
Anzahl: 451 Lokomotiven
Hersteller: Henschel, Krupp, Krauss-Maffei
Elektrische Ausrüstung: BBC, AEG, SSW

Achsanordnung: Bo'Bo'
Länge über Puffer: 15,66 m
Antrieb: Gummiringfeder
Stromabnehmer: DBS 54
Dienstgewicht: 67 t
Leistung: 2400 kVA
Höchstgeschwindigkeit: 120 km/h

Auch die Baureihe 141 gehört zu den Einheits-E-Loks des Typenprogramms der DB von 1954. Sie wurde als Lokomotive für den leichten Personen- und Güterzugverkehr konzipiert und auch entsprechend eingesetzt. Bis zur Indienststellung der Baureihe 143 im Jahre 1991 besorgte diese Baureihe auch den S-Bahnverkehr im Raume Nürnberg. Die Ausmusterung der Baureihe 141 hat schon begonnen und dürfte sich beschleunigt fortsetzen.
An dieser Baureihe sollen neben den jetzt schon gewohnten Unterschieden vor allem verschiedene Farbvarianten im Bild vorgestellt werden, wobei allerdings keinesfalls Vollständigkeit angestrebt werden sollte.

141 082-6

DB
141 427-5

Bilddaten DB 141

68o DB 141 248-5 am 27.07.1982 bei Hagen
68mr DB 141 001-8 am 12.08.1977 im Bf Kochel
68ul DB 141 378-0 am 16.11.1982 im Hbf Nürnberg
68ur DB 141 219-6 am 27.09.1999 im Hbf Nürnberg
69ol DB 144 036-4 am 27.09.1999 im Hbf Nürnberg
69ml DB 144 141-2 am 15.03.1978 im Bw Heidelberg
69u DB 141 474-9 am 27.09.1999 im Hbf Nürnberg
70o DB 141 082-8 am 09.06.1982 bei Troisdorf
70u DB 141 427-5 am 09.06.1982 bei Troisdorf
71ol DB 141 248-5 am 28.10.1982 bei Hagen
71ul DB 141 211-3 am 27.04.1977 vor der Einfahrt in den Schlosstunnel bei Stuttgart-Bad Canstatt
71ur DB 141 004-2 am 08.10.1977 im Vorfeld des Hbf in München

Auch auf diesen beiden Seiten sind die äusserlichen Unterschiede der Baureihe 141 gut zu erkennen, wobei auch Kombinationen verschiedener Modernisierungsstadien vorkamen. Links oben z.B. eine Maschine fast noch im Ursprungszustand – aber schon mit Klatte Lüftungsgittern. Auf dieser Seite sehen wir oben ein Unikum, eine Farbvariante des Bw Hagen, die jahrelang in diesem Outfit auf den Nahverkehrsstrecken des Ruhrgebietes angetroffen werden konnte – wenn man Glück hatte. Auch auf den ersten Blick sind monotone Baureihen interessant!

144 001-5

144 002-3

144 004-9

144 004-9

144 039-5

144 066-8

144 091-6

E 44
E 44.11

DB 144
DB 145

Die Baureihe E 44 war die gelungenste und erfolgreichste Elektrolokomotive der Deutschen Reichsbahngesellschaft vor dem Kriege. Sie verdankte ihr Entstehen einer Initiative der im Lokomotivbau aktiven Elektrizitätsgesellschaften, die in der Weltwirtschaftskrise Ende der 20er Jahre beschlossen, auf eigenes Risiko den Prototyp einer auf dem letzten technischen Stand befindlichen E-Lok zu konstruieren. Nach ausgiebigen und sehr erfolgreichen Tests auf allen elektrifizierten Strecken der DRG erfolgte die Übernahme durch die DRG und die anschliessende Serienfertigung einer noch leicht modifizierten Maschine.

Durch das politische Umfeld bedingt wurden einige Maschinen auch in Wien gebaut und auf die speziellen Bedingungen des Verkehrs auf den steilen Alpenstrecken adaptiert. Nach den Wirren des Umbruchs verblieben zusammen mit Neubauten aus noch vorhandenen Teilen schliesslich 121 Maschinen bei der DB, von denen die 16 mit Widerstandsbremse ausgerüsteten E 44.11 ab 1968 als Baureihe 145 geführt und auf Steilstrecken speziell im Schwarzwald eingesetzt wurden. 1984 endete der letzte Einsatz dieser erfolgreichen Reihe.

Indienststellung: 1933-50
Anzahl: bis Kriegsende 174 Lokomotiven,
nach dem Krieg noch weitere 8
Hersteller: Bergmann Elektrizitätswerke (BEW),
Maffei-Schwartzkopff (MSW), Siemens (SSW)
Henschel, Krauss-Maffei,
Wiener Lokomotivfabrik (WLF)
Elektrische Ausrüstung: SSW
Achsanordnung: Bo'Bo'
Länge über Puffer: 15,29 m
Antrieb: Tatzlager
Stromabnehmer: DBS 54
Dienstgewicht: 78 t
Leistung: 2200 kVA
Höchstgeschwindigkeit: 90 km/h

Einsatz: Auf allen elektrifizierten Strecken der DRG. Die mit elektrischer Widerstandsbremse ausgerüsteten und ursprünglich für die Alpen vorgesehenen Maschinen wurden ab 1960 auf der Höllentalbahn eingesetzt, wo sie von der Baureihe 139 ab 1974 verdrängt wurden. Der Einsatz der Baureihe 144 endete bei der DB mit dem Winterfahrplan 1983/84.

144 030-9

144 071-8

144 140-1

2
145 155-8
145 155-8

2
2
145 162-4
145 162-4
TEN

Bilddaten DB 144 und DB 145

72ol DB 144 001-5 am 07.10.1977 im Aw Freimann
72or DB 144 002-3 am 22.08.1978 bei Murnau
72ml DB 144 004-9 am 22.08.1978 im Bf Garmisch-Partenkirchen
72mr DB 144 004-9 am 08.10.1977 bei München Hbf
72ul DB 144 039-5 am 04.02.1983 im Hbf Nürnberg
72um DB 144 066-8 am 08.04.1981 im Bf Coburg
72ur DB 144 091-6 am 22.04.1981 im Hbf München
73ul DB 144 025-4 und 188-0 am 10.04.1978 im Aw München Hbf. Man beachte die geänderte Fensterfront der 144 188-0. Eine Modernisierung weiterer Maschinen der Baureihen 144 und 145 unterblieb allerdings
73ur DB 144 187-2 am 09.10.1979 im Hbf München
74o DB 144 080-9 am 07.09.1982 bei Sachsenheim
74u DB 144 071-8 am 07.09.1982 bei Sachsenheim Ein ziemlich dilettantischer Versuch einer neuen Farbgebung bei der Baureihe 144
75o DB 144 185-6 und 144 186-4 am 07.02.1978 im Bf Aibling
75u DB 144 140-1 am 08.04.1981 Hochstadt-Marktzeuln
76o DB 145 155-8 am 22.04.1981 im Hbf München
76u DB 145 162-4 am 04.06.1981 im Hbf München
77o DB 145 176-4 am 22.04.1981 im Hbf München
77ul DB 145 180-6 am 11.03.1981 im Hbf München.

DB
144 504-8

144 509-7

144 502-2

144 503-0

E 44.5 **DB 144.5**

Indienststellung: 1933-35
Anzahl: 9 Maschinen in zwei verschiedenen Ausführungsformen
Hersteller: Prototyp: MSW und BMAG
Serie: BMAG, AEG
Elektrische Ausrüstung: AEG

Achsanordnung: Bo'Bo'
Länge über Puffer: 13,52 bzw. 14,30 m
Antrieb: Tatzlager
Stromabnehmer: SBS 20 mit Doppelwippe
Dienstgewicht: 79,1 - 79,6 t
Leistung: 144 501-5: 1600 kVA, 506-509: 2200 kVA
Höchstgeschwindigkeit: 80 km/h, 508/9 90 km/h

Einsatz: Nach ausgiebiger Erprobung in Schlesien erfolgte der Einsatz der Baureihe E 44.5/144.5 über die gesamte Betriebsdauer fast ausschliesslich auf ihrer Stammstrecke von Freilassing nach Berchtesgaden.

Die beiden verschiedenen Ausführungsformen sind deutlich an dem Rahmen zu erkennen, der bei den Lokomotiven 144 506-09 als schwerer Brückenrahmen mit vielen Aussparungen zur Gewichtsverminderung ausgeführt wurde.

Die Ausmusterung dieser Fahrzeuge erfolgte ab 1977 und war 1983 abgeschlossen.

HOTEL POST
144 502-2

144 509-7

2
144 504-8

1
144 507-1
1
5

2
2
144 503-0

Bilddaten DB 144.5

78o DB 144 504-8 am 15.09.1977 bei Freilassing
78mr DB 144 502-2 am 27.07.1978 Bw Freilassing
78ul DB 144 509-7 am 07.10.1977 Aw Freimann
78ur DB 144 503-0 am 08.12.1977 Bf Freilassing
79ol DB 144 505-5 am 09.08.1977 Einfahrt Freilassing
79u DB 144 509-7 am 07.10.1977 Aw Freimann
80o DB 144 502-2 am 21.10.1977 Ausfahrt aus dem Bf Bayrisch-Gmain
80u DB 144 509-7 am 21.10.1977 bei Bayrisch-Gmain
81o DB 144 504-8 am 08.12.1977 bei Freilassing
81u DB 144 507-1 am 08.12.1977 bei Freilassing
82 DB 144 503-0 am 08.12.1977 im Bf Freilassing. Das bayrische Flügelsignal, das zu dieser Zeit noch die Ausfahrt aus dem Bahnhof in das Bahnbetriebswerk sicherte, zeigt mit gesenktem Flügel, daß das Gleis frei für Verschubfahrten ist
83o DB 144 507-1 am 07.02.1981 im Bf Freilassing.

150 157-6
2
3

150 168-3

150 008-1

150 194-9

DB 150

Im Typenbauprogramm von 1956 für Nachkriegs-Elektrolokomotiven war auch eine Co'Co' Lokomotive enthalten, die vor allem schwere Güterzüge führen und die alten Vorkriegsbaureihen E 93 und E 94 entlasten sollte. Ziel war es dabei, so viel mögliche Bauteile der anderen Einheitslokomotiven verwenden zu können und durch Beibehaltung des Tatzlagerantriebs ähnlich der E 94, die Wartung in gewohnter Weise vornehmen zu können und dadurch die Einführung zu erleichtern. Nach dem ersten Baulos von 25 Maschinen ging man dann auf den inzwischen bei den anderen Neubaureihen bewährten Gummiringfederantrieb über.

Ende der 60er Jahre genügten die Leistungsreserven der Baureihe 150 nicht mehr den immer steigenden Anforderungen an Zugkraft und Höchstgeschwindigkeit. Die DB gab deshalb als Nachfolgetyp die Baureihe 151 1971 in Auftrag, die zwischen 1972 und 1977 in einer Stückzahl von 170 Maschinen ausgeliefert wurde und es gestattete, die letzten Exemplare der Baureihen 193 und 194 auszumustern. Die innerlich moderne Konstruktion verfügt über Mehrfachsteuerung, elektrische Widerstandsbremse und kann sehr schnell auf automatische Mittelpufferkupplung umgestellt werden. 13 Maschinen wurden in dieser Weise für die Führung von 5400 t Erz-Zügen ausgerüstet.

Indienststellung: 1957-73
Anzahl: 194 Lokomotiven
Hersteller: Krupp, Krauss-Maffei
Elektrische Ausrüstung: AEG, Siemens

Achsanordnung: Co'Co'
Länge über Puffer: 19,49 m
Antrieb: 150 001-025: Tatzlager
150 026-197: Gummiringfeder
Stromabnehmer: DBS 54
Dienstgewicht: 128 t
Leistung: 4500 kVA
Höchstgeschwindigkeit: 100 km/h

Varianten: Wie bei den anderen Baureihen des Nachkriegs-Einheitslokomotiven-Programms für Elektrolokomotiven gibt es auch bei der Baureihe 150 eine Reihe von auch äußerlich sichtbaren Bauartunterschieden, was natürlich bei der sich über 15 Jahre streckenden Herstellung der Loks zu erwarten war. Neben Antriebsunterschieden sind es wiederum die Stirnleuchten, die Regenrinnen und die seitlichen Fenster und Lüftungsgitter, die Unterschiede aufweisen.
Einsatz: Im schweren Güterverkehr vor allem im Hügelland. Teilweise werden auch Personenzüge gefahren. Die Reihe wird noch voll unterhalten.

150 001-6

126
0
DB
150 023-0
126
0
126

150 188-1
27
6

150 010-7

151 004-9
DB

DB
151 128 - 6

DB
151 161 7

DB
151 011-4

DB 151

Indienststellung: 1972-77
Anzahl: 170 Maschinen
Hersteller: Henschel, Krauss-Maffei, Krupp
Elektrische Ausrüstung: AEG, BBC, SSW

Achsanordnung: Co'Co'
Länge über Puffer: 19,49 m
Antrieb: Gummiringfeder
Stromabnehmer: DBS 54
Dienstgewicht: 118 t
Leistung: 6288 kVA
Höchstgeschwindigkeit: 120 km/h

Einsatz: Auf allen elektrifizierten Strecken für die Führung von schweren und schwersten Güterzügen. Mit Mittelpufferkupplung ausgerüstete Lokomotiven in Doppeltraktion (siehe linkes Bild) ziehen die berühmten 5400 t Erzzüge von den Nordseehäfen nach Peine und Salzgitter.

126
DB
151 105 - 4

126
0
126
0
126
DB
151 045-2

Bilddaten DB 150 und DB 151

84ol DB 150 157-6 am 17.03.1978 im Bw Kornwestheim
84or DB 150 168-3 am 27.04.1978 bei Stuttgart-Münster
84mr DB 150 008-1 am 16.03.1978 bei Kissing
84u DB 150 194-9 am 31.05.1977 bei Dinkelscherben
85u DB 150 062-8 am 17.03.1978 Stuttgart-Untertürkheim
86o DB 150 001-6 am 09.06.1982 bei Troisdorf
86u DB 150 023-0 am 08.03.1979 bei Solnhofen
87o DB 150 188-1 am 20.09.1982 bei Sachsenheim
87u DB 150 010-7 am 07.09.1982 bei Sachsenheim
88o DB 151 004-9 am 08.10.1977 bei München-Freimann
88mr DB 151 161-7 am 04.09.1982 bei Köln-Porz
88ul DB 151 128-6 am 24.05.1979 im Aw Freimann
88ur DB 151 011-4 am 15.12.1982 beim Bw München Hbf
89ol DB 151 118-7 und weitere 151 mit automatischer Kupplung und 5400 t Erzzug bei Regensburg
89u DB 151 125-2 am 11.07.1983 mit Schweröl-Ganzzug bei Köln-Stammheim
90o DB 151 105-4 am 05.04.1977 bei Solnhofen
90u DB 151 045-2 am 10.11.1983 bei Solnhofen
91l DB 151 093-2 am 09.04.1983 mit automatischer Kupplung und Erz-Leerzug bei Porz.

169 003-1

LAG

169002-3

169 005-6

LAG 1-5

DB 169

1905 stellte die Localbahn AG München die Strecke von Murnau nach Oberammergau als erste elektrisch betriebene Bahn in Deutschland auf Einphasen Wechselstrom um. Für den Zugbetrieb wurde bei der Katharinenhütte eine kleine Lokomotive mit elektrischer Ausrüstung von Siemens Schuckert erworben. Der ständig steigende Verkehr zum Festspielort Oberammergau erforderte in den Folgejahren den Einsatz weiterer Maschinen, zuletzt auch einer speziellen Güterzuglok.

In den 30iger Jahren erfolgte ein erster Umbau der Lokomotiven, dem 1954/55 ein weiterer wegen der Anpassung der Strecke an 15 kV und 16 2/3 Hertz der Bundesbahn folgte. E 69 01, die ehemalige LAG 1, wurde zu diesem Zeitpunkt bei einer Laufleistung von rund 1,5 Millionen km ausgemustert und beim Aw Freimann in der Ursprungsform als Denkmalslok aufgestellt.

Nach dem Umbau wurden die Lokomotiven E 69 02 und 03 für einige Jahre als Verschubloks im Hbf Heidelberg eingesetzt, um danach wieder zu ihrer Hausstrecke zurückzukehren. Nach rund 2 Millionen im Dienst zurückgelegter Fahrkilometer wurden die letzten Vertreter 1981 aus dem Verkehr gezogen. Mit einer Einsatzzeit von rund 70 Jahren zeugen diese kleinen Maschinen von der Qualität Deutscher Elektrolokmotiven der Anfangszeit.

Indienststellung: 1905, 1909, 1912 und 1930
später Umbauten bis 1955
Anzahl: 5 Maschinen verschiedener Bauarten, die unter der Baureihe 169 zusammengefaßt wurden
Hersteller:
LAG 1: Katharinenhütte Rohrbach/Pfalz
LAG 2 und 3: Krauss
LAG 4: Siemens
LAG 5: Maffei
Elektrische Ausrüstung: SSW

Achsanordnung: Bo
Länge über Puffer:
E 69 01: 7,50 m   169 002 und 003: 7,35 m
169 005: 8,70 m
Antrieb: Tatzlager
Stromabnehmer: SBS 39 und DBS 54
Dienstgewicht:
E 69 01: 23,5 t   169 002: 25,5 t
169 003: 26 t   169 005: 32 t
Leistung:
E 69 01: 206 kVA   169 002 und 003: 352 kVA
169 005: 605 kVA
Höchstgeschwindigkeit:
E 69 01: 40 km/h
169 002-005: 50 km/h.

2
2
169 005-6

2
169002-3
2

2
169002-3
2
169002-3

2 169002-3 2

2 169002-3 2

Bilddaten

92o DB 169 003-1 am 13.08.1977 bei Altenau
92mr DB 169 002-3 am 13.08.1977 im Bf Murnau
92ul LAG 1 am 08.10.1977 vor dem Aw Freimann als Denkmallokomotive
92ur DB 169 005-6 am 14.07.1979 bei Grafenaschau
93u DB 169 002-3 am 08.10.1977 mit Museumszug bei München-Freimann
94o DB 169 003-1 am 26.09.1978 bei Unterammergau
94u DB 169 005-6 am 13.12.1977 bei Altenau
95o,u DB 169 002-3 am 13.12.1977 bei Altenau und im Bf Oberammergau
96o,u DB 169 002-3 am 24.05.1979 bei Moosach und im Aw Freimann
97or DB 169 003-1 am 27.09.1978 im Bf Bad Kohlgrub
97u DB 169 005-6 am 13.07.1979 bei Saulgrub

DB
181 206-4

DB
181 223-9

DB 181

Für den durchgehenden elektrischen Verkehr zwischen dem Saargebiet und Frankreich mit seinem anderen Bahnstromsystem (25 kV und 50 Hz) wurden wegen des ständig steigenden Verkehrs Anfang der 70er Jahre Zweistromlokomotiven notwendig.

Die Db ließ daher aus der Viersystemlok E 410 (später DB 184) für den auschließlichen Einsatz zwischen Deutschland und Frankreich die Zweisystemlok E 310 (später DB 181) ableiten.

Neben dem Einsatz im Erzverkehr beförderten diese schnellen Maschinen z.B. auch den hier abgebildeten EC „Mozart" von Stuttgart nach Paris.

Indienststellung: Prototypen: 1968
Serie: 1974-75
Anzahl: 4 Prototypen und 25 Serienlokomotiven
Hersteller: Krupp
Elektrische Ausrüstung: AEG
Achsanordnung: Bo'Bo'
Länge über Puffer: Prototypen: 16,95 m
Serie: 17,94 m
Antrieb: Gummiring-Kardan Hohlwellenantrieb
Stromabnehmer: SBS 65
Dienstgewicht: Prototypen: 84 t, Serie: 83 t
Leistung: Prototypen: 3240 kVA, Serie: 3300 kVA
Höchstgeschwindigkeit: 150 bzw. 160 km/h.

DB
181 209-8

DB
181 220-5

DB
181 210-6
27
6

182 021-6
112 500-4

E 310 **DB 182**

Indienststellung: 1960
Anzahl: 3 Prototypen
Hersteller: Krupp, Henschel, Krauss-Maffei
Elektrische Ausrüstung: AEG, BBC, SSW
Achsanordnung: Bo'Bo'
Länge über Puffer: 16,44 m
Antrieb: Tatzlager
Stromabnehmer: Je 2 Stück DBS 58 mit unterschiedlicher Wippenbreite
Dienstgewicht: 82 - 81,5 - 83,7 t
Leistung: 2760 - 2488 - 2550 kVA
Höchstgeschwindigkeit: 120 km/h

Einsatz: Während ihrer ganzen Dienstzeit im Grenzverkehr zwischen dem Saargebiet und Frankreich, speziell im Erz- und Kohleverkehr zwischen Lothringen und Deutschland. Die Maschinen waren deshalb im Bw Saarbrücken stationiert und wurden nach Einführung der leistungsfähigeren Baureihe 181 in den Jahren 1977-82 abgestellt.

E 410 **DB 184**

Indienststellung: 19667-68
Anzahl: 5 Lokomotiven
Hersteller: Krupp
Elektrische Ausrüstung: AEG, BBC
Achsanordnung: Bo'Bo'
Länge über Puffer: 16,95 m
Antrieb: Gummiring-Kardan Hohlwellenantrieb
Stromabnehmer: SBS 65 in jeweils 4 Varianten für DB/ÖBB, SNCF, SNCB und NS
Dienstgewicht: 84 t
Leistung: 3240 kVA
Höchstgeschwindigkeit: 150 km/h

Einsatz: Der vorgesehene Einsatz im grenzüberschreitenden Verkehr unter Fahrdraht von 4 Stromsystemen fand nur teilweise in der geplanten Form statt und war immer stark störanfällig. Nur das TEE Zugpaar "Parzival" und "Paris-Ruhr" wurde zeitweise zwischen Dortmund und Liège gefahren. Die ersten Lokomotiven wurden 1981/83 abgestellt.

51
0
DB
184 111-3
51
0

Bilddaten DB 181, DB 182, DB 184

98o DB 181 206-4 am 30.06.1982 bei Plankstadt
98u DB 181 223-9 am 28.09.1978 im Hbf Mannheim
99u DB 181 207-2 am 07.02.1984 bei Sachsenheim Hier konnte der EC *Mozart* innerhalb kurzer Zeit gleich zweimal mit der gleichen Lokomotive beobachtet werden, weil sich das Zugpaar in Stuttgart traf und mit derselben Maschine zurückfuhr
100o DB 181 209-8 am 05.05.1983 bei Sachsenheim
100u DB 181 220-5 am 20.09.1982 bei Sachsenheim
101 DB 181 210-6 am 07.09.1982 bei Sachsenheim
102 DB 182 021-6 am 24.05.1979 im Aw Freimann
103u DB 182 021-6 am 24.05.1979 im Aw Freimann
104 DB 184 111-3 am 29.08.1978 mit dem TEE 40 bei Weisweiler. Deutlich sind die vier verschieden breiten Einholm-Stromabnehmer vom Typ SBS 65 für die vier verschiedenen Stromsysteme der DB, SNCB, SNCF und NS zu erkennen
105o DB 184 001-6 am 25.04.1978 vor dem aus Richtung Dortmund in den Hbf Köln einfahrenden TEE 40. Dieser Zug konnte wegen seiner frühen Abfahrt (7.20 Uhr) nur an hellen Tagen fotografiert werden
105ur DB 184 003-2 am 17.08.1977 mit TEE 40 im Hbf Köln.

Streckenelektrolokomotiven der Österreichischen Bundesbahnen

Der zweite Teil dieses Bildbandes befaßt sich mit den Streckenelektrolokomotiven der Österreichischen Bundesbahnen. Das ist auch für den Deutschen Eisenbahnfreund ein überaus interessantes Gebiet. Gleich aus mehreren Gründen. Einmal ist Österreich neben der Schweiz wegen seiner im Alpenraum gelegenen Strecken mit starken Steigungen in schwierigem Terrain ein Vorreiter für leistungsfähige elektrische Lokomotiven gewesen, zumal der erforderliche Bahnstrom preisgünstig und auf kurzen Wegen von Wasserkraftwerken bezogen werden konnte. Wir können also technisch besonders eindrucksvolle Elektrolokomotiven Österreichischer Hersteller erwarten und werden in dieser Erwartungshaltung auch nicht enttäuscht.

Zum Zweiten verfügte Österreich Ende der 70er Jahre neben den modernen Nachkriegsbaureihen auch noch über eine große Zahl von alten Elektrolokomotiven aus der Aufbruchszeit der Elektrotraktion zwischen den beiden Weltkriegen. Sie zeigten noch rund 50 Jahre nach ihrer Indienststellung ein erstaunliches Leistungsvermögen und wurden von der ÖBB zu dieser Zeit noch – weil unverzichtbar – vorbildlich erhalten und gepflegt.

Ein dritter Aspekt ist die durch die politischen Verhältnisse der Jahre 1938-45 bedingte Gemeinsamkeit der Eisenbahngeschichte von Deutschland und Österreich, die bedingte, daß die Österreichischen Vorkriegsbaureihen sieben Jahre lang in die Deutsche Reichsbahn Gesellschaft eingegliedert waren.

Sind bei den Lokomotiven der DB die auch äußerlich sichtbaren Unterschiede der einzelnen Baureihen besonders interessant, so fällt in den Beobachtungszeitraum bei den Österreichischen Bundesbahnen die Änderung des Logos und gleich zweifach der Lokomotivnummern sowie die Umlackierung der letzten noch grünen Vertreter der Österreichischen Elektrolokomotiven.

1010.12

1010.01

1010.06

ÖSTERREICHISCHE
BROWN BOVERI-WERKE A.G.WIEN
SIMMERING-GRAZ-PAUKER A.G.
WERK SGP GRAZ
ÖBB
1010.15

1010 016-2

ÖBB 1010

Die 1952 abgeschlossene Elektrifizierung der Westbahn von Wien nach Salzburg erforderte neben den noch vorhandenen Altbaulokomotiven der Baureihen 1018 und 1118 neue, leistungsfähige Triebfahrzeuge für den Schnellzugverkehr auf dieser wichtigen Strecke. Da außerdem auch schon die Elektrifizierung der Südbahn von Wien nach Graz bzw. Klagenfurt ins Auge gefaßt wurde, die nur für einen maximalen Achsdruck von 18 t ausgelegt war, kam bei den geforderten Leistungsdaten nur eine sechsachsige Co'Co' Maschine in Betracht, und der Weiterbau der Baureihe 1018 (ehemals DRG E 18) wurde verworfen. Die Konstruktion teilten sich einerseits SGP Graz und zum anderen eine Arbeitsgemeinschaft aus AEG, BBC, ELIN und Siemens.
Die ab 1955 in Dienst gestellten Fahrzeuge stellten moderne, auf dem damaligen Stand der Technik befindliche Maschinen dar, die nach kleineren, anfänglichen Schwierigkeiten den vorgesehen Dienst zufriedenstellend erfüllten. Aus dem Schnellzugdienst wurde diese Loktype endgültig erst durch die Einführung der Baureihe 1044 in den Güterzugbetrieb abgedrängt. Einige Maschinen erhielten anläßlich von Hauptausbesserungen 1992-97 neue, geräumigere Führerstände mit neuen Stirnleuchten und neuem Farbdesign.

Indienststellung: 1955-58
Anzahl: 20 Lokomotiven
Hersteller: Simmering-Graz-Pauker (SGP) Graz
Elektrische Ausrüstung: BBC, ELIN, SSW

Achsanordnung: Co'Co'
Länge über Puffer: 17,86 m
Antrieb: BBC Hohlwellen-Federantrieb
Scherenstromabnehmer
Dienstgewicht: 1010.01/02: 106 t, übrige: 109,8 t
Leistung: 4000 kVA
Höchstgeschwindigkeit: 130 km/h

Einsatz: Nach Auslieferung übernahmen die Maschinen dieser Baureihe vor allem den Schnellzugverkehr zwischen Wien und Salzburg auf der Westbahn. Wegen Lokmangels übernahmen sie auch weiterführende Züge bis nach Innsbruck, so daß diese Baureihe zuerst auf die ZfL Innsbruck und Linz aufgeteilt wurde.

Ein anfangs ins Auge gefaßter Einsatz auf der Südbahn, die ab 1963 durchgehend elektrifiziert war, hat sich nicht bewährt, weil die dreiachsigen Drehgestelle in den engen Kurven zu nicht tolerierbarem Verschleiß führte. Die jetzt im Güterzugverkehr zwischen Wien und Salzburg eingesetzten Loks erwarten baldige Ausmusterung.

1010.17

1010.03

1010.11

1010.16
78
5

1110.04

1110.17

1110.10

1110.01

ÖBB 1110
ÖBB 1110.500

Neben neuen Schnellzuglokomotiven mußten die ÖBB nach der Elektrifizierung der Westbahn und der bevorstehenden Umstellung der Südbahn auf elektrischen Betrieb auch an den Ersatz der noch aus dem Kriege stammenden Baureihe 1020 (bei der DRG E 94) denken, die durch den Einsatz im Hochgeschwindigkeitsbereich vermehrte Ausfälle zeigte. Konstruiert wurde eine Güterzuglokomotive, die gleich gut im Flachland und auf den Gebirgsstrecken einsetzbar war. Die Baureihe ist also ein Zwittertyp zwischen Strecken- und Gebirgslokomotive. Gegenüber der Baureihe 1010 wurde die Getriebeübersetzung geändert und die Höchstgeschwindigkeit herabgesetzt.

Die ohne Widerstandsbremse gebauten Lokomotiven bestanden alle im Flachland anfallenden Aufgaben ohne Probleme. Im Betrieb auf steilen Bergstrecken erwies sich jedoch das Fehlen einer Widerstandsbremse als Nachteil. Deshalb wurden zwischen 1972 und 1975 zehn der dreißig Maschinen dieser Baureihe mit Widerstandsbremse ausgerüstet und danach als Reihe 1110.500 eingereiht.

1992-97 erhielten insgesamt zehn Fahrzeuge neue Stirnfronten und neues Farbdesign.

Indienststellung: 1956-60
1972-75 teilweise in 1110.500 umgebaut,
1992-97 teilweise mit neuen Stirnfronten versehen
Anzahl: 30 Lokomotiven
davon 10 Stück zu 1110.500 umgebaut
Hersteller: Simmering-Graz-Pauker (SGP) Graz
Elektrische Ausrüstung: BBC, ELIN, SSW, AEG
Achsanordnung: Co'Co'
Länge über Puffer: 17,86 m
Antrieb: BBC Hohlwellen-Federantrieb
Stromabnehmer: Scherenstromabnehmer Typ V mit Doppelwippe
Dienstgewicht: 109,8 t, 1110.500: 111 t
Leistung: 4000 kVA
Höchstgeschwindigkeit: 110 km/h

Einsatz: Nach erfolgreich absolviertem Probebetrieb erfolgte der Einsatz der Baureihen 1110 und 1110.500 hauptsächlich auf der Brenner-, der Arlberg- und der Tauernstrecke. Heute sind diese sechsachsigen Maschinen von der ZfL Villach (1110.500) bzw. ZfL Linz vor allem als Lokomotiven der *Rollenden Landstraße* eingesetzt.

1110.06

1110.28
153
6

1110.08

1110.516
78
8

Bilddaten ÖBB 1010, 1110, 1110.500

106u ÖBB 1045.03 am 12.12.1977 bei Schörfling
107 ÖBB 1010.12 am 14.02.1978 Bf Schwarzach-St.Veit
108ol ÖBB 1010.01 am 13.12.1978 Bf Wörgl
108or ÖBB 1010.06 am 14.12.1978 Bf Schwarzach-St.Veit
108mr ÖBB 1010.15 am 06.12.1978
108u ÖBB 1010 016-2 am 03.11.1999 Wien-Hütteldorf
109u ÖBB 1010.18 am 20.10.1978 bei Schwarzach
110o ÖBB 1010.17 am 20.10.1978 bei Schwarzach
110u ÖBB 1010.03 am 25.05.1978 bei Schwarzach
111o ÖBB 1010.11 am 10.12.1977 bei Stadt Haag
111u ÖBB 1010.16 am 30.05.1978 bei Pians
112ol ÖBB 1110.04 am 14.02.1978 Bf Bischofshofen
112or ÖBB 1110.17 am 29.05.1978 Bf Frastranz
112mr ÖBB 1110.10 am 13.07.1979 Zfl Innsbruck
112u ÖBB 1110.01 am 28.05.1978 Bf Strengen
113u ÖBB 1110.01 am 25.05.1978 bei Schwarzach
114o ÖBB 1110.17 am 30.05.1978 bei Pians
114u ÖBB 1110.06 am 25.05.1978 bei Schwarzach
115ol ÖBB 1110.28 am 07.03.1979 vor dem Wilden Kaiser bei Kufstein
115u ÖBB 1110.08 am 22.08.1978 Bf Bischofshofen
116o ÖBB 1110.516 am 30.05.1978 bei Pians
116u ÖBB 1110.514 am 10.02.1981 ZfL Bludenz
117ol ÖBB 1110.516 am 28.05.1978 vor Trisannabrücke
117u ÖBB 1110.526 qm 30.05.1978 bei Pians

1014 002-8

1014 002-8

1014 013-5

1014 015-0

ÖBB 1014

Indienststellung: 1993-94
Anzahl: 18 Lokomotiven
davon 2 Stück ohne Ballastgewichte (1114)
Hersteller: Simmering-Graz-Pauker (SGP) Graz
Elektrische Ausrüstung: ELIN

Achsanordnung: Bo'Bo'
Länge über Puffer: 17,50 m
Antrieb: Gummigelenk-Kardanlenkerantrieb
Stromabnehmer: 2, teilweise auch 4 Einholmstromabnehmer in verschiedenen Wippenbreiten für ÖBB- und MAV-Normen
Dienstgewicht: 74 t, ohne Ballast nur 66 t
Leistung: 3000 kVA
Höchstgeschwindigkeit: 170 km/h

Einsatz: Die Zweifrequenzlokomotiven der Baureihen 1014/1114 für 15 kV/16 2/3 Hz und 25 kV/50 Hz waren ursprünglich für die später an der Ablehnung der Wiener Bevölkerung gescheiterten Weltausstellung 1995 zur Führung von Schnellzügen zwischen Wien und Budapest vorgesehen.

Als moderne Elektrolokomotiven der ÖBB gehören sie dennoch zu den Lokomotiven von gestern, weil nicht nur der ursprünglich geplante Einsatz entfiel, sondern die inzwischen erneuerte Generaldirektion kein Interesse mehr an dieser zwar interessant gestalteten, aber kostenintensiven Fahrzeuggattung zeigte.

Heute werden die Lokomotiven der Baureihe 1014/1114 im grenzüberschreitenden Verkehr zwischen Österreich und Tschechien und vor allem nach Ungarn eingesetzt. Dabei gibt es nicht nur eine Zusammenarbeit mit der MAV, den ungarischen Staatsbahnen, sondern auch mit der GySEV, einer Privatbahn zwischen Ebenfurt und Györ. Seit 1997 wird mit diesen Maschinen im Einstundentakt ein attraktiver und gut frequentierter Verkehr zwischen Wien Südbf und Sopron angeboten. Eine solche Entwicklung hätten wir Dampflokfreunde, für die die GySEV in den 70er Jahren ein Geheimtip war, in den kühnsten Träumen wohl kaum für möglich gehalten.

1018.01

1018.02

1018.03

1018.04

1018.05

ÖBB 1018 · 1018.100
ÖBB 1118

Die BBÖ begann 1937 mit der Elektrifizierung der Westbahn von Salzburg nach Wien. Für diese hügelige Strecke mit relativ starken Steigungen über den Wiener Wald gab es im Österreichischen Elektrolokomotivenprogramm keine geeignete Lokomotive. Man erwarb daher die Pläne der damals leistungsstärksten Einrahmen-Elektrolok der Welt, der Deutschen E 18, um sie bei der Lokomotivfabrik Wien (LOFAG) auf die heimischen Verhältnisse leicht modifiziert nachzubauen. Der Plan verzögerte sich durch die Übernahme der BBÖ durch die DRG 1938. Erst 1940 kamen die bestellten 8 Maschinen als E 18 201-208 in Dienst.

Nach dem Krieg wurden 7 Maschinen repariert. Aus der E 18 046 wurde bei der HW Linz unter Verwendung von Bauteilen der schwerstbeschädigten E 18 206 die neue E 18.101. Die E 18 42 verblieb in Österreich und wurde zur 1118.01 umgezeichnet.

Ab 1960 unterzog die ÖBB die Baureihe 1018/1118 einem Modernisierungsprogramm, äußerlich vor allem an dem Ersatz der drei Stirnfenster zu ersehen, das dieser Baureihe eine wesentlich gefälligere Form bescherte.

Indienststellung: 1940
ÖBB 1018.101: 1953, ÖBB 1118.01: 1938
Anzahl: 8 Maschinen + 1018.101 + 1118.01
Hersteller: LOFAG, AEG
Elektrische Ausrüstung: AEG, SSW

Achsanordnung: 1'Do1'
Länge über Puffer: 16,92 m
Antrieb: AEG Hohlwellen-Federtopf
Stromabnehmer: Scherenstromabnehmer
Dienstgewicht: 110 t, ÖBB 1118: 108,5 t
Leistung: 33340 kVA, ÖBB 1118: 3040 kVA
Höchstgeschwindigkeit: 130 km/h
ÖBB 1118.01: 140 km/h

Einsatz: Ab 1940 von Salzburg aus zwischen München und Attnang-Puchheim und über die Tauernbahn bis Spittal. Nach dem Kriege ab 1952 von Wien aus Einsatz im hochwertigen Reisezugverkehr nach Salzburg. Ab 1962 von Linz aus vor allem auf der Salzkammergutstrecke. Paradeeinsatz war dabei ein von Wien Westbf bis nach Stainach-Irdning durchgehendes D-Zugpaar. Die Baureihe 1018 wurde 1986-92 ausgemustert.

1018.01

1018.04

1018.08
88
8

1118.01

1018.101

Bilddaten ÖBB 1014 und ÖBB 1018/1118

118o ÖBB 1014 002-8 trifft ÖBB 1014 015-50 am 23.06.1999 im Bf Wulkaprodersdorf
118mr ÖBB 1014 013-5 am 27.10.1999 im Wien Ostbf
118ul ÖBB 1014 002-8 am 23.06.1999 kurz vor Überqueren der ungarischen Grenze vor Sopron
118ur ÖBB 1014 015-0 am 23.06.1999 Wulkaprodersdorf
119ol ÖBB 1014 015-0 am 23.06.1999 Wulkaprodersdorf
119ml ÖBB 1014 009-3 am 04.01.2000 in Wien Ostbf
119ul ÖBB 1014 006-9 am 27.10.1999 in Wien Westbf
120ol ÖBB 1018.01 am 02.07.1978 im Bf Summerau
120or ÖBB 1018.02 am 04.05.1979 bei Eichgraben
120mr ÖBB 1018.03 am 15.12.1978 in der ZfL Salzburg
120ul ÖBB 1018.04 am 15.12.1978 im Bf St.Valentin
120ur ÖBB 1018.05 am 15.12.1978 in Salzburg Hbf
121u ÖBB 1018.101 am 11.02.1978 bei Stadt Haag
122o ÖBB 1018.01 am 02.07.1978 bei Freistadt
122u ÖBB 1018.04 am 12.12.1977 bei Traunkirchen
123o ÖBB 1018.08 am 24.05.1978 bei Altmünster mit dem E 702 *Erzherzog Johann*
123u ÖBB 1118.01 am 07.02.1981 im Bf Vöcklabruck
124o ÖBB 1018.04 am 18.07.1979 bei Traunkirchen
124u ÖBB 1018.101 am 10.02.1978 im Bf Traunkirchen
125o ÖBB 1018.07 am 28.10.1978 durchfährt den Hp St.Johann-Weistrach
125ul ÖBB 1118.01 am 27.10.1978 in St.Valentin.

1040.10

1040.06

1040.01

1040.03

1040.08

ÖBB 1040

Um schnell den Nachkriegsbedarf an Elektrolokomotiven zu decken, planten die ÖBB für die wieder hergestellten Strecken und vor allem für die elektrifizierte Westbahn von Salzburg nach Wien, die ersten Nachkriegs-Neubaulokomotiven als Nachbauten der erfolgreichen Baureihe 1245 aus den 30er Jahren. Allerdings wurden das Design dieser Maschinen modernisiert und leistungsfähigere Fahrmotoren eingebaut. 1950 wurde ein erstes Baulos von 10 Maschinen abgeliefert, die noch mit einer geraden Stirnfläche versehen waren, die 1953 gelieferten sechs Fahrzeuge erhielten eine verbesserte, abgewinkelte Stirnfront, an die die ersten 10 Lokomotiven später anläßlich von Hauptuntersuchungen angepaßt wurden.

Im Laufe des rund fünfzigjährigen Einsatzzeitraumes nahmen die ÖBB über die Anpassung an das jeweilige Farbschema, das geänderte ÖBB-Logo und die neuen Nummernbezeichnungen hinausgehende Änderungen an den Maschinen vor. So wurden die in den Verschub abgedrängten Lokomotiven mit Verschieberbühnen und Warnflächen ausgerüstet. Die elektrischen Widerstandsbremsen, mit denen ursprünglich alle Maschinen ausgerüstet waren, wurden ab 1990 entfernt. Die baldige Abstellung und Ausmusterung dieser Baureihe dürfte schon bald bevorstehen.

Indienststellung: 1950-53
Anzahl: 16 Lokomotiven
Hersteller: Wiener Lokomotivfabrik (WLF)
Elektrische Ausrüstung: AEG, BBC, ELIN, SSW

Achsanordnung: Bo'Bo'
Länge über Puffer: 12,92 m
Antrieb: Secheron-Feder
Stromabnehmer: Scherenstromabnehmer mit Doppelwippe
Dienstgewicht: 80,2 t
Leistung: 2360 kVA
Höchstgeschwindigkeit: 90 km/h

Einsatz: Die ausgelieferten Maschinen wurden sofort entsprechend dem Elektrifizierungsfortschritt auf der Strecke Salzburg Wien eingesetzt und ergänzten die dort bewährte Vorgängerbaureihe 1245. Außerdem bewältigten sie den Verkehr auf der Tauernbahn.

Nach Anlieferung der Baureihe 1042 wurde die Baureihe 1040 auf den Regionalverkehr abgedrängt und übernahm auch mehr und mehr Verschubaufgaben. Von den inzwischen beschafften Baureihen aus ihren Stammgebieten verdrängt werden die letzten Exemplare von den ZfL Wien Süd und Selzthal eingesetzt.

1040.10

Bilddaten ÖBB 1040

126ol ÖBB 1040.10 am 21.10.1978 im Bf Ebenfurth
126or ÖBB 1040.06 am 30.01.1979 im Gbf Schwechat
126mr ÖBB 1040.01 am 23.10.1978 im Bf Mürzzuschlag
126ul ÖBB 1040.03 am 29.07.1978 im Bf Ebenfurth
126ur ÖBB 1040.08 am 16.05.1978 im Bf Ebenfurth
127ul ÖBB 1040.02 am 18.05.1978 im Bf Ebenfurth
127ur ÖBB 1040.16 am 24.10.1978 bei Krieglach
128 ÖBB 1040.10 am 25.07.1984 bei Ebenfurth
Inzwischen erhielt diese Maschine eine Hauptuntersuchung und zeigt sich jetzt im blutorangenen Farbanstrich und mit angebauten Verschiebebühnen
129o ÖBB 1040.02 am 18.05.1978 vor Ebenfurth
129m ÖBB 1040.05 am 18.05.1978 vor Ebenfurth
129ul ÖBB 1040.11 am 17.06.1983 in der Werkhalle der ZfL Wien Westbf.

1041. 01

1041.02

1041 015-7

1041. 25

1041.03

ÖBB 1041

Nach dem Auftrag zur Beschaffung der Baureihe 1040 als erstem Neubau nach dem Kriege ging die ÖBB daran, auf dem weitgehend unveränderten elektrischen Fahrzeugteil der Baureihe 1040 einen den inzwischen erfolgten Fortschritten des Lokomotivbaus vor allem in der Schweiz entsprechenden Aufbau des mechanischen Teils der Lokomotive beim SGP in Auftrag zu geben. Heraus kam die Baureihe 1041, die ab 1952 geliefert wurde und sofort im gehobenen Personenzugdienst vor allem auf den neu elektrifizierten Strecken eingesetzt werden konnte.

Die Baureihe bewährte sich im großen und ganzen recht gut, wenn es auch im elektrischen Teil die schon von den Vorgängerbaureihen gewohnten Ausfälle weiterhin gab.

Während die ersten beiden Baulose noch mit einer geraden Stirnfront mit Sonnenblenden in den Verkehr gebracht wurden, hatten die letzten 10 Maschinen eine etwas angewinkelte Frontplatine, was den Lokomotiven eine schnittigere Form verlieh.

Vier Maschinen wurden noch 1990-93 mit neuen Getrieben versehen und seither als Baureihe 1041.200 geführt. Für die dadurch auf 100 km/h erhöhte Höchstgeschwindigkeit gab es allerdings keinen Bedarf.

Indienststellung: 1952-54
Anzahl: 25 Lokomotiven
Hersteller: SGP Graz
Elektrische Ausrüstung: ABES (AEG, BBC, ELIN, Siemens)

Achsanordnung: Bo'Bo'
Länge über Puffer: 15,32 m
Antrieb: AEG Federtopfantrieb
Pantographen: Scheerenstromabnehmer mit Doppelwippe
Dienstgewicht: 83 t
Leistung: 2360 kVA
Höchstgeschwindigkeit: 90 km/h

Einsatz: Nach Anlieferung erfolgte der Einsatz zuerst im anspruchsvollen Personenverkehr vor allem auf den neu elektrifizierten Strecken. Im Laufe der Jahre kristallisierten sich als Haupteinsatzgebiete die Strecken von Salzburg über Bischofshofen nach Selzthal, von Linz nach Selzthal und die Salzkammergutstrecke von Attnang-Puchheim nach Steinach-Irdning heraus.
Die Verdrängung in den Verschubdienst begann schon in den 80er Jahren und ist heute die Hauptaufgabe der noch vorhandenen Fahrzeuge. Die Ausmusterung hat begonnen.

1041.24
F
83
4

Gmunden
Stellwerk 1
STW
I
95
1
1041.24

1041.14

1141.06

1141.18

1141.14

1141.16

ÖBB 1141

Der Oberbau der elektrifizierten Strecken war in Österreich Mitte der 50er Jahre soweit verbessert worden, daß die Höchstgeschwindigkeit generell auf 100 km/h angehoben werden konnte. Damit konnte der weiterhin bestehende Bedarf an Neubaulokomotiven nicht mehr mit der nur 90 km/h schnellen Baureihe 1041 gedeckt werden, so daß ein unveränderter Weiterbau nicht mehr in Frage kam. SGP Graz entwickelte daraufhin ein Nachfolgemodell, bei dem erstmalig im Serienbau der seither sehr erfolgreiche Siemens Gummiringfederantrieb verwirklicht wurde. Dagegen wurde die elektrische Ausrüstung, die inzwischen von den Kinderkrankheiten befreit war, von der 1041 mit Ausnahme einer leichten Leistungssteigerung praktisch unverändert übernommen. Die Baureihe 1141 bewährte sich in jeder Hinsicht hervorragend und bestach vor allem durch geringe laufende Kosten, die sich bei nur rund einem Drittel der Baureihe 1245 bewegten.
Die Lokomotiven der Baureihe 1141 wurden im Gegensatz zur 1041 von Beginn an mit dem Flügelrad-Logo der ÖBB ausgeliefert. Mit Ausnahme des neuen blutorangenen Farbdesigns wurden einige Fahrzeuge der Baureihe 1141 ab 1991 zwar noch mit linksseitig verschlossenen Türen versehen, andere Änderungen blieben aus.

Indienststellung: 1955-58
Anzahl: 30 Lokomotiven
Hersteller: SGP Graz
Elektrische Ausrüstung: ELIN, AEG, BBC, SSW

Achsanordnung: Bo'Bo'
Länge über Puffer: 15,26 m
Antrieb: Siemens Gummiringfederantrieb
Pantographen: Scherenstromabnehmer V mit Doppelwippe
Dienstgewicht: 80 t
Leistung: 2480 kVA
Höchstgeschwindigkeit: 110 km/h

Einsatz: Nach Indienststellung vor allem auf den inzwischen elektrifizierten Abschnitten der Südbahn zwischen Wien und Gloggnitz einerseits sowie Villach und St.Veit a.d.Glan im Personen- und Güterzugverkehr. Weitere Fahrzeuge wurden auch von den ZfL Salzburg, Linz und Wien West aus im Regionalverkehr eingesetzt.
Nach Auslieferung der Baureihe 1042 wurden die 1141 Lokomotiven in der ZfL Attnang-Puchheim zusammengefaßt und bevorzugt auf der Salzkammergutstrecke gefahren. Zur Zeit sind noch 28 Fahrzeuge im Einsatz. Eine Ausmusterung ist in naher Zukunft zu erwarten.

1141.23

1141.04

Bilddaten ÖBB 1041 und ÖBB 1141

130ol	ÖBB 1041.01 am 31.01.1979 im Bf Enns Das Flügelrad-Emblem ist erstmalig angewandt
130or	ÖBB 1041.02 am 03.03.1979 im Bf St.Valentin
130mr	ÖBB 1041 015-7 am 15.06.1987 im Bf St.Valentin
130ul	ÖBB 1041.25 am 15.02.1980 im Bf Gmunden
130ur	ÖBB 1041.03 am 09.02.1981 im Bf Bischofshofen
131ul	ÖBB 1041 009-0 am 15.06.1987 im Bf St.Valentin
131ur	ÖBB 1041.13 am 09.02.1978 Attnang-Puchheim
132	ÖBB 1041.24 am 09.02.1978 bei Traunkirchen
133o	ÖBB 1041.24 am 09.02.1978 im Bf Gmunden
133u	ÖBB 1041.14 am 24.05.1978 bei Altmünster
134ol	ÖBB 1141.06 am 25.10.1978 im Bf Leoben
134or	ÖBB 1141.18 am 02.06.1977 bei Obertraun
134ul	ÖBB 1141.16 am 14.02.1980 im Bf Selzthal
134ur	ÖBB 1141.11 am 27.10.1978 bei Windischgarsten
135ul	ÖBB 1141 011-5 am 15.06.1987 im Bf St.Valentin Beim Vergleich mit dem Bild links ist der zeitliche Abstand zu erkennen: In der Zwischenzeit wurde bei einer Hauptuntersuchung die Lokomotive neu lackiert und mit Computerziffern versehen
135ur	ÖBB 1141.01 am 09.02.1980 im Bf St.Valentin
136o	ÖBB 1141.23 am 09.02.1978 bei Mitterndorf
136u	ÖBB 1141.04 am 05.03.1979 bei Gmunden
137o	ÖBB 1141.30 am 31.07.1981 bei Loifarn
137ul	ÖBB 1141.27 am 16.07.1979 in der ZfL Salzburg.

1042.01

1042.43

1042.01

ELIN-UNION
WERK LOKOMOTIVFABRIK
WIEN-FLORIDSDORF
ÖBB
1042.01

1042.02

ÖBB 1042.0

Für die Bedienung der ab 1962 durchgehend elektrifizierten Südbahn benötigten die ÖBB leistungsstarke Triebfahrzeuge. Nachdem sich die Achsanordnung Co'Co' wegen zu starken Radreifenabriebs in den engen Kurven des Semmering-Aufstiegs nicht sonderlich bewährt hatte, entschied man sich für eine entsprechend stark motorisierte Bo'Bo'-Maschine.

Ab 1963 lieferte SGP Floridsdorf die dann als 1042 geführte Baureihe. Sie war als völlige Neukonstruktion mit an die Grenze der damaligen Möglichkeiten gehender Motorisierung nicht von Kinderkrankheiten verschont, die zur Auswechslung der eingesetzten Motoren führte. Alle Maschinen waren mit einer elektrischen Widerstandsbremse ausgeführt, die für den Verkehr auf den steilen Rampen unerläßlich war.

Nach Behebung der Anfangsschwierigkeiten entwickelte sich die gesamte Baureihe 1042 (1042.0, 1042.5 und 1142) zur am wenigsten schadanfälligen Konstruktion und damit auch zur kostengünstigsten Lokomotive der ÖBB.

Sie sehen auf den ersten vier Seiten diese Baureihe im Alltagseinsatz und sowohl in grüner wie auch blutorangener Lackierung mit den unterschiedlichen Stromabnehmern, Logos und Ziffern. Die Baureihe 1042.5 folgt im nächsten Kapitel.

Indienststellung: 1963-66
Anzahl: 60 Lokomotiven
Hersteller: SGP Wien-Floridsdorf
Elektrische Ausrüstung: BBC, ELIN, SSW

Achsanordnung: Bo'Bo'
Länge über Puffer: 16,20 m
Antrieb: Siemens Gummiringfederantrieb
Pantographen:
1042.01-30: Scherenstromabnehmer V
1042.31-60: Einholmstromabnehmer VI in Spießgangstellung
Dienstgewicht: 83,9 t
Leistung: 3600 kVA
Höchstgeschwindigkeit: 130 km/h

Einsatz: Wie geplant wurden die gelieferten Lokomotiven sofort – oft in Doppeltraktion – über den Semmering auf der Südbahn eingesetzt. Nach Behebung der Motorprobleme bewährten sich die Maschinen bei diesem vor allem im Winter bis an die Grenzen der Möglichkeiten gehenden Einsätze sehr gut.
Nach Lieferung der Baureihe 1042.500 konzentrierten sich die Einsätze auf die Westbahn und die weniger steilen Abschnitte der Südbahn sowie anderen inzwischen elektrifizierten Strecken.

1042.08

1042 56

1042 58
194
1

1042.514

1042.539

1042.501

Elektrischer Teil:
ELIN-UNION
WIEN
A.G. FÜR ELEKTR.-INDUSTRIE
WEIZ
Mechanischer Teil:
SIMMERING-GRAZ-PAUKER A.G.
SGP
WERK LOKOMOTIVFABRIK
WIEN-FLORIDSDORF
18362
1958
ÖBB
1042.501

1042.543

ÖBB 1042.5
ÖBB 1142.5

Nach Behebung der anfänglichen Motorprobleme bei der 1042.0 und einer zwischenzeitlich beschlossenen Anhebung der Streckenhöchstgeschwindigkeit auf 140 km/h wurden die Lokomotiven dieser Baureihe mit einem neuen leistungsstärkeren Motor EM 1001 ausgerüstet und fürderhin als Baureihe 1042.500 bezeichnet, wobei anfänglich ein Nummerntausch zwischen schon gebauten Maschinen notwendig wurde.

Die Lokomotiven bewährten sich im Laufe ihres nun schon über 25 jährigen Einsatzes außerordentlich gut, wobei die ungewöhnlich geringe Schadanfälligkeit besonders herausgestellt werden muß. Mit Ausnahme der ersten Ordnungsnummern wurden alle 1042.500 schon im blutorangenen Farbdesign angeliefert.

Charakteristisch für das Aussehen der Baureihe 1042 waren die gewölbten Eckfenster der Rundumverglasung. Wegen Lieferschwierigkeiten und Sicherheitsbedenken wurden sie ab 1990 bei Hauptausbesserungen, ab 1993 auch bei Teilausbesserungen ohne Neuanstrich eliminiert.

Mit Vielfachsteuerung werden die Maschinen als Baureihe 1142 jetzt vor Wendezügen eingesetzt.

Indienststellung: 1967-77
Anzahl: 197 Lokomotiven
Die Maschinen werden seit 1996 für Vielfachsteuerung zur Führung von Wendezügen ausgestattet und dann als Baureihe 1142 mit unveränderter Ordnungsnummer geführt
Hersteller: SGP Wien-Floridsdorf
Elektrische Ausrüstung: ELIN Union
Umbau: Zentralwerkstätte Linz

Achsfolge: Bo'Bo'
Länge über Puffer: 16,22 m
Antrieb: Siemens Gummiringfederantrieb
Pantographen: Einholmstromabnehmer VI
Dienstgewicht: 82,5 t
Leistung: 4000 kVA
Höchstgeschwindigkeit: 150 km/h

Einsatz: Als Universallokomotive für Personen- und Güterzüge aller Art wurde die Baureihe 1042 überall in Österreich und im grenzüberschreitenden Verkehr nach Deutschland bis nach Frankfurt und München eingesetzt.

1042.549

1042 690-6

1042 695-5

1042.580

1042.588
37

1042.501

1042.621

1042.594

863
862
861
1042.677
1042.597
1046.07
1042.679

1142 638-4

1142 617-8

142 622-8
CityShuttle

Bilddaten ÖBB 1042.0, 1042.5 und 1142

138ol ÖBB 1042.01 am 15.05.1981 in der ZfL Wien Süd
138or ÖBB 1042.43 am 14.02.1980 Bf Selzthal
138mr ÖBB 1042.01 am 15.05.1981 in der ZfL Wien Süd
138ul ÖBB 1042.01 am 15.05.1981 in der ZfL Wien Süd
138ur ÖBB 1042.02 am 13.12.1978 Bf Schwarzach-St.Veit
139ul ÖBB 1042.56 am 29.06.1978 Ausfahrt Zwst Linz
139ur ÖBB 1042.57 am 27.10.1978 Bf Selzthal
140 ÖBB 1042.08 am 13.12.1978 Bf Schwarzach-St.Veit
141o ÖBB 1042.56 am 27.10.1978 bei Selzthal
141u ÖBB 1042.58 am 30.04.1979 bei Leonding
142ol ÖBB 1042.514 am 25.10.1978 bei St. Michael
142or ÖBB 1042.539 am 14.02.1978 in der ZfL Selzthal
142mr ÖBB 1042.501 am 20.10.1978 Bf Bruck an der Mur
142ul ÖBB 1042.501 am 20.10.1978 Bf Bruck an der Mur
142ur ÖBB 1042.543 am 24.10.1978 bei St.Michael
143ul ÖBB 1042.691 am 16.05.1978 bei Ebenfurth
143ur ÖBB 1042.700 am 29.07.1978 bei Ebenfurth

144o ÖBB 1942.568 am 16.12.1978 bei Stadt Haag
144u ÖBB 1042.549 am 25.10.1978 im Werk Donawitz
145o ÖBB 1042 690-6 am 29.04.1986 bei Ebenfurth
145u ÖBB 1042 695-5 am 16.06.1987 Wien Westbf
146o ÖBB 1042.580 am 08.02.1978 Bf Timelkam
146m ÖBB 1042.586 am 18.05.1978 bei Ebenfurth
146u ÖBB 1042.501 am 25.10.1978 bei St.Michael
147o ÖBB 1042.621 am 14.10.1978 bei Schwarzach
147m ÖBB 1042.594 am 23.10.1978 Viadukt Kalte Rinne
147u ÖBB 1042.597, 1042.677, 1042.679 und 1046.07 vor der Emise der ZfL Wien Süd am 15.05.1981
148o ÖBB 1142 638-4 am 12.11.1999 Wien-Hütteldorf
148ml ÖBB 1142 617-8 am 03.11.1999 Wien-Hütteldorf
148u ÖBB 1142 622-8 am 15.10.1999 Wien Westbf
149ol ÖBB 1042.517 am 24.10.1978 Bf Bruck an der Mur
149ml ÖBB 1042.697 am 11.02.1978 bei Stadt Haag
149mr ÖBB 1142 680-6 am 15.09.1999 Bruck an der Mur
149ul ÖBB 1142 655-8 am 12.11.1999 Wien-Hütteldorf.

1043.04

1043.08

ASEA
ASJ 1972 NOHAB
SGP
ÖBB
1043.04

1043.03

1043.10

ÖBB 1043

Mit der Baureihe 1042 waren die Leistungsgrenzen der konventionellen stufenweiser Leistungssteuerung erreicht. Eine deutliche Verbesserung versprach die stufenlose Steuerung von Gleichstrommotoren, die ihren Strom von Tyristorgleichrichtern bezogen. Eine derartige Technik wurde Ende der 60er Jahre vonder schwedischen Firma ASEA verwirklicht und in schwedischen Elektrolokomotiven der Bauart Rc2 mit Erfolg verwendet. Probefahrten mit solchen, an österreichische Technik angepaßten Lokomotiven über die Semmeringstrecke verliefen erfolgreich und führten zu einer ersten Bestellung von drei Maschinen, die 1971 als Baureihe 1043 in den Fahrzeugpark eingegliedert wurden. Eine vierte Maschine erhielt eine thyristorgesteuerte Widerstandsbremse. Die restlichen sechs Maschinen wurden mit erhöhter Motorleistung 1973 ausgeliefert.

Ein Weiterbau oder Lizenzbau dieser Lokomotivtype unterblieb, weil in der Zwischenzeit aufgrund der Erfahrungen mit der Baureihe 1043 von den österreichischen Lokomotivbauern eine eigene, verbesserte und auf die österreichischen Streckenverhältnisse optimal abgestimmte Lokomotive entwickelt wurde, die bei den ÖBB den Vorzug vor den schwedischen Maschinen erhielt und ab 1974 im Streckendienst eingesetzt wurde.

Indienststellung: 1971-73
Anzahl: 10 Lokomotiven
Hersteller: NOHAB
Elektrische Ausrüstung: ASEA

Achsanordnung: Bo'Bo'
Länge über Puffer: 15,58 m
Antrieb: ASEA Ankerhohlwellenantrieb
Pantographen: Einholstromabnehmer VI
Dienstgewicht: 1043.01.03: 77 t
1043.04-10: 83 t
Leistung: 1043.01-04: 3600 kVA
1043.05-10: 4000 kVA
Höchstgeschwindigkeit: 135 km/h

Einsatz: Seite Anbeginn von der ZfL Villach aus im schweren Güterverkehr über die Tauernstrecke bis nach Salzburg, im Grenzübergabeverkehr nach Tarvisio in Doppeltraktion und seit 1989 auch im Pustertal.

Der Einsatz über die Tauernstrecke war nicht problemlos und forderte die Lokomotiven bis zur Leistungsgrenze, was zu starkem Verschleiß der Antriebsachsen führte. Alles in allem hat sich die Baureihe recht gut bewährt und wertvolle Erkenntnissen gebracht, die dann ihren Niederschlag bei der Konstruktion der Baureihe 1044 fanden.

1043.09

1043.07

1043.10

1044.06

1044.05

875
877
1044.49

1044.18

1044 011-3

ÖBB 1044

Die Erfahrungen mit der in Schweden hergestellten Baureihe 1043 führte 1973 zu einem Angebot der Arbeitsgemeinschaften ELIN Union und SGP einer in Österreich konstruierten Maschine mit Thyristorsteuerung, wobei jetzt von Erfahrungen der SSB mit Thyristorlokomotiven ausgegangen wurde.

Bei den zuerst gelieferten Lokomotiven mit den Ordnungsnummern 1044.01 bis 1044.70 traten schnell Probleme mit Flugschnee auf. Die dachseitigen Lüftungsschlitze wurden daher überarbeitet und über die Dachoberkante hinausgezogen.

Im Laufe der Jahre wurden diese Maschinen zu einem überall im Bereich hoher Leistung anzutreffenden Modell, so wie es vorher die Baureihe 1042 gewesen war. Ganz langsam wurden diese Vorgängerlokomotiven aus den anspruchsvollsten Aufgaben herausgelöst und – wie bei allen Lokomotivbaureihen – in untergeordnete Dienste abgedrängt.

Diese Entwicklung wird sich bald verstärkt fortsetzen. Denn mit Anfang des Jahres 2000 wird der Nachfolger der Baureihe 1044 präsentiert und danach zügig in den Einsatz übernommen. Die als *Taurus* intern bezeichneten Maschinen der Baureihe 1016 werden alle Paradezüge der ÖBB noch im Jahr 2000 übernehmen

Indienststellung: 1974
Anzahl: 225 Maschinen in mehreren Baulosen, die sich geringfügig voneinander unterscheiden
Hersteller: SGP Graz
Elektrische Ausrüstung: BBC, ELIN, Siemens

Achsanordnung: Bo'Bo'
Länge über Puffer: 16,00 m
Antrieb: BBC Federantrieb
Pantographen: Einholmstromabnehmer VI
Dienstgewicht: 84 t
Leistung: 5400 kVA
Höchstgeschwindigkeit: 160 km/h

Einsatz: Nach ausgiebigen Probefahrten wurde die Baureihe 1044 zwischen Buchs bzw. Bregenz und zuerst Innsbruck und später Wien im hochwertigen Personenzugverkehr eingesetzt. Mit weiterer Anlieferung der Baureihe 1044 wurde diese Maschine zum Allround-Zugpferd für alle Strecken im Alpenraum, wobei langsam auch Güterzugkurse hinzukamen.

Entsprechend dem sich mit der Zeit ändernden Farbdesign bieten die 1044 heute dem Auge ein vielfältiges Aussehen, wobei die links unten abgebildete Lok besonders heraussticht.

1044.33
65

1044.08

Bilddaten ÖBB 1043

150ol ÖBB 1043.04 am 28.06.1978 in Salzburg Hbf
150or ÖBB 1043.08 am 31.07.1981 bei Schwarzach-St.Veit
150mr ÖBB 1043.04 am 28.06.1978 in Salzburg Hbf
150ul ÖBB 1043.03 am 13.11.1984 im Bf Villach West
150ur ÖBB 1043.10 am 31.07.1981 bei Schwarzach-St.Veit
151ul ÖBB 1043.01 am 20.10.1978 bei Schwarzach-St.Veit
151ur ÖBB 1043.09 am 03.05.1985 Villach Westbf
152o ÖBB 1043.09 am 20.10.1978 bei Schwarzach-St.Veit
152u ÖBB 1043.07 am 20.10.1978 bei Schwarzach-St.Veit
153 ÖBB 1043.10 am 10.09.1982 bei Salzburg-Gnigl

Bilddaten ÖBB 1044

154ol ÖBB 1044.06 am 06.12.1978 in der ZfL Innsbruck
154or ÖBB 1044.05 am 29.05.1978 Bf Strengen
154mr ÖBB 1044.18 am 28.10.1978 St.Johann-Weistrach
154ul ÖBB 1044.49 am 06.03.1980 in der ZfL Wien-Süd
154ur ÖBB 1044 011-3 am 15.06.1987 Bf St.Valentin
155ul ÖBB 1044 203-6 am 12.11.1999 Bf Wien-Hütteldorf
155ur ÖBB 1044 286-1 am 12.11.1999 Bf Wien-Hütteldorf
Man beachte die heute noch anzutreffende, von der neuen Norm abweichende Lackierung der 1044 203!
156o ÖBB 1044.34 am 22.11.1979 bei Wald am Arlberg
156m ÖBB 1044.33 am 20.11.1979 bei Dalaas
156u ÖBB 1044.08 am 30.05.1978 Bf Pians
157o ÖBB 1044.?? am 31.07.1981 Angertalbrücke
157mr ÖBB 1044.19 am 22.11.1979 bei Dalaas
157ur ÖBB 1044.04 am 30.05.1978 bei Pians.

Ortsende
von
Mitterndorf

1045.09

1045.03

1045.06

BBÖ 1170

In der zweiten Hälfte der 20iger Jahre zeichnete sich ab, daß die auf der Mittenwald- und Salzkammergutbahn eingesetzten Elektrolokomotiven den steigenden Anforderungen schon bald in keiner Weise mehr entsprechen würden. Die BBÖ entschloß sich deshalb der ELIN den Auftrag zur Entwicklung einer Drehgestelllokomotive mit vollständig abgefederten Drehgestellmotoren zu erteilen. Heraus kam eine für damalige Verhältnisse sehr fortschrittliche Lokomotive, die trotz kleinster Ausmaße außergewöhnliche Leistungsdaten aufwies. So wurde die bei der Lokomotivfabrik in Wiener Neustadt gebaute Maschine – die Fabrik mußte nach Lieferung der 10. Maschine Konkurs anmelden – die Stammmutter aller Österreichischen Elektrolokmotiven der Bauart Bo'Bo' mit vollständig abgefederten Fahrmotoren.
Die kleinen Maschinen bewährten sich von Anfang an sehr gut und konnten alle in sie gesetzten Erwartungen zur vollen Zufriedenheit erfüllen. Nur den Kriegsereignissen und der immer angespannten finanziellen Situation der ÖBB ist es zuzuschreiben, daß die auf der Salzkammergutstrecke abgelöste Baureihe 1073, eine 1'C1' Stangenellok, schließlich noch bis 1975 auf dieser Strecke in untergeordneten Diensten anzutreffen war. Manche Baureihen sterben nur langsam……

ÖBB 1045

Indienststellung: 1927-29
Anzahl: 14 Lokomotiven
Hersteller: Lokomotivfabrik Wiener Neustadt, Wiener Lokomotivfabrik Floridsdorf
Elektrische Ausrüstung: ELIN

Achsanordnung: Bo'Bo'
Länge über Puffer: 10,40m
Antrieb: Sècheron Hohlwellenfederantrieb
Pantographen: Scherenstromabnehmer V
Dienstgewicht: 61 t
Leistung: 1140 kVA
Höchstgeschwindigkeit: 60 km/h

Einsatz: Von Beginn an für die Salzkammergutstrecke konzipiert wurde die Baureihe 1045 bis zum Ende ihres Einsatzes schwerpunktmäßig auch hier vor allen Zügen gefahren. In den letzten Jahren konnte man diesen Fahrzeugtyp auch im normalen Alltagsbetrieb auf der Stichstrecke von Attnang-Puchheim über Vöcklabrück und Lenzing nach Kammer-Schörfling am Attersee beobachten. In Doppeltraktion untereinander oder mit den Baureihen 1089 und 1189 waren die kleinen Maschinen oft im Güterverkehr entlang des Traunsees vor Ganzzügen anzutreffen. Die Ausmusterung zog sich von 1978 bis 1994 hin.

1045.03

1145.14
ÖBB
1145.14

1145.16

1145.08

BBÖ 1170.100

ÖBB 1145

Nachdem sich die Baureihe 1045 – damals noch BBÖ 1170 – sehr gut bewährt hatte, erwog die BBÖ den Weiterbau einer verstärkten Version für den Einsatz auf den westlichen Flachlandstrecken der Westbahn. Den Auftrag erhielt wiederum die ELIN, die beim Bau des mechanischen Teils dasselbe Schicksal wie schon beim Bau der BBÖ 1170 erlitt. Die Lokomotivfabrik Krauss in Linz ging nach Lieferung von sechs Maschinen in Konkurs. Wiederum mußte die Wiener Lokomotivfabrik Floridsdorf einspringen.

Von der Deutschen Reichsbahngesellschaft (DRG) wurden die 1170 bzw. 1170.100 zwischen 1938 und 1945 als E 45 bzw. E 45.1 geführt. Im Krieg gingen drei Maschinen verloren. Die restlichen 12 Lokomotiven übernahm die ÖBB als 1145. 1966 erhielt diese Baureihe noch unerwartet Zuwachs. Aus den Resten der durch Unfall schwer beschädigten 1045.11 und noch überschüssigen Ersatzteilen wurde in der Hauptwerkstätte Linz ein neues Fahrzeug aufgebaut, das als 1145.16 eingereiht wurde und vor allem durch andere Lüftergitter auffiel.

Wie bei allen Baureihen, so endete der Einsatz der letzten Loks der Baureihe 1145 im Verschubdienst. Die letzten vier Maschinen verdienten sich ihr Gnadenbrot bis 1990 im Bahnhofsbereich von Innsbruck.

Indienststellung: 1930-31
Anzahl: 15 Lokomotiven
Hersteller: Lokomotivfabrik Krauss Linz, Wiener Lokomotivfabrik Floridsdorf
Elektrisch Ausrüstung: ELIN

Achsanordnung: Bo'Bo'
Länge über Puffer: 11,88 m
Antrieb: Sècheron Hohlwellenfederantrieb
Pantographen: Scherenstromabnehmer V
Dienstgewicht: 70,6 t
Leistung: 1300 kVA
Höchstgeschwindigkeit: 70 km/h

Einsatz: Die Baureihe war für den leichten bis mittleren Personen- und Güterzugdienst vor allem auf der Westbahn westlich von Salzburg über Kufstein und Innsbruck bis Landeck vorgesehen und wurde auch entsprechend diesen Vorgaben eingesetzt.

Neben diesem Schwerpunkt ZfL Innsbruck kam nach dem Krieg zunehmend auch die Bedienung der Salzkammergutbahn hinzu, auf der vor allem Eilzüge befördert wurden, während die Personen- und Regionalzüge die Domäne der Baureihe 1045 blieben. Die Ausmusterung begann 1978 und zog sich bis 1990 hin.

1145.07
19
18
17

1145.12

1245.01

ÖBB
1245.03

BBÖ 1170.200

Die zu Beginn der 30er Jahre in Österreich ins Auge gefaßten Elektrifizierungen der Tauern- und der Westbahn von Salzburg nach Wien erforderten die Beschaffung weiterer Elektrolokomotiven. Während für die Führung von Schnellzügen schließlich die Deutsche Bauart E 18 gewählt wurde, entschied man sich für den Personen- und Güterzugbetrieb für eine aus der damaligen Baureihe 1170.100 weiter zu entwickelnde Einheitslokomotive. An der elektrischen Ausrüstung wurden deshalb alle vier in Österreich ansässigen Firmen, die sich zur Arbeitsgemeinschaft ABES zusammenschlossen.

Die Bezeichnung der Maschinen erscheint auf den ersten Blick verwirrend. Während die ersten acht als 1170.201-208 in Dienst gestellt wurden gelangten die restlichen als E 45.209-241 schon zur DRG. Nach dem Krieg erhielten die ersten acht Maschinen die Betriebsnummern 1245.01-08, die weiteren schließlich die Nummern 1245.509 ff.

Die Baureihe bewährte sich wie schon ihre Vorgänger ganz ausgezeichnet. Mit ihrer Ausmusterung 1995 verließ die letzte vor dem zweiten Weltkrieg in Dienst gestellte E-Lokbaureihe der einstmals so erfolgreichen Österreichischen Lokproduktion die Szene.

ÖBB 1245.0
ÖBB 1245.5

Indienststellung: 1934-40
Anzahl: 1245.0: 8 Lokomotiven
1245.5: 33 Lokomotiven
Hersteller: Wiener Lokomotivfabrik Floridsdorf
Elektrische Ausrüstung: ABES (AEG, BBC, ELIN, Siemens Schuckert)

Achsanordnung: Bo'Bo', Achsdruck: 20 t
Länge über Puffer: 12,92 m
Antrieb: Sècheron Hohlwellenfederantrieb
Pantographen: Scherenstromabnehmer V
Dienstgewicht: 83 t
Leistung: 1840 kVA
Höchstgeschwindigkeit: 80 km/h
Einsatz: Auf allen Hügellandstrecken in Österreich. Auch als Vorspannfahrzeuge auf den Bergstrecken der Westbahn von Wörgl nach Saalfelden, der Tauernbahn und der Brennerbahn.

Die als Universallokomotive konzipierte Maschine fand entsprechend im gehobenen Personenverkehr und im Güterverkehr Verwendung. Die Ausmusterung begann schon 1980 und zog sich bis 1995 hin, als die letzten im Verschub eingesetzten 1245 durch die Baureihe 1163 abgelöst und abgestellt wurden.

1245.07
ÖBB
1245.07

1245.07
ÖBB
1245.07
1145.14

1245.01

1245.05

1245.530

SELZTHAL
2b
1b

1245.525
197
2

1245.532

Bilddaten ÖBB 1045, ÖBB 1145, ÖBB 1245

ÖBB 1045

158o ÖBB 1045.01 und 1045.08 am 09.02.1978 vor Traunkirchen
158mr ÖBB 1045.03 am 12.12.1977 in Kammer-Schörfling
158ul ÖBB 1045.09 am 05.03.1979 im Bf Kirchdorf
158ur ÖBB 1045.06 am 07.02.1981 im Bf Vöcklabrück
159u ÖBB 1045.03 am 12.12.1977 Kammer-Schörfling
160o ÖBB 1045.01 und 1045.13 am 23.05.1978 bei Altmünster
160u ÖBB 1045.03 am 16.11.1979 bei Schörfling
161 ÖBB 1045.04 am 08.02.1978 vor Vöcklabrück

ÖBB 1145

162o ÖBB 1145.14 am 14.02.1978 in Saalfelden
162ul ÖBB 1145.16 am 13.07.1979 in Innsbruck
162ur ÖBB 1145.08 am 15.12.1978 in Kammer-Schörfling
163ul ÖBB 1145.09 am 07.03.1979 in Kufstein
163ur ÖBB 1145.02 am 29.06.1978 im Bf Traunkirchen
164o ÖBB 1145.15 am 06.03.1979 bei Stainach-Irdning
164u ÖBB 1145.08 am 23.05.1978 bei Altmünster
165o ÖBB 1145.07 am 06.12.1978 in der ZfL Innsbruck
165u ÖBB 1145.12 am 07.03.1979 im Bf Kufstein

ÖBB 1245

166o ÖBB 1245.01 am 13.12.1978 in der ZfL Wörgl
166u ÖBB 1245.03 am 07.03.1979 im Bf Kufstein
167u ÖBB 1245.520 am 12.05.1986 im Bf St.Niklasdorf
168o ÖBB 1245.07 und 1020.03 am 14.02.1978 im Bf Saalfelden
168u ÖBB 1245.07 und 1145.14 vor Remise Saalfelden
169o ÖBB 1245.01 am 07.03.1979 bei Kufstein
169u ÖBB 1245.05 am 27.10.1978 im Bf Selzthal
170o ÖBB 1245.513 am 30.07.1981 auf der Anger talbrücke
170u ÖBB 1245.530 am 01.08.1972 im Bf Vordernberg
171o ÖBB 1245.519 am 02.02.1977 bei Vordernberg
171u ÖBB 1245.525 am 20.10.1978 im Bf Selzthal
172o ÖBB 1245.525 am 24.10.1978 bei Selzthal
172u ÖBB 1245.532 am 06.12.1978 Innsbruck Hbf
173ol ÖBB 1245.533 am 13.02.1978 in Vordernberg
173ul ÖBB 1245.539 am 06.08.1981 im Bf St.Michael

B B
1046.03

1046.02

Elektrischer Teil:
"ELIN"
WIEN AKT.-GES. FÜR ELEKTR. INDUSTRIE WEIZ
Mechanischer Teil:
WIENER LOKOMOTIVFABRIK
AKTIENGESELLSCHAFT
Nr.17764 WIEN-FLORIDSDORF 1956
ÖBB
1046.01

1046.25

ÖBB 4061

ÖBB 1046

Im Neubauprogramm der fünfziger Jahre war auch ein Fahrzeugtyp vorgesehen, der in späteren Jahren zu Verwunderung Anlaß geben sollte, weil ein Einsatz nach den ursprünglichen Vorstellungen nie richtig in Erwägung gezogen wurde.

Dabei war der Gedanke, in einem Fahrzeug nicht nur den Antrieb sondern auch noch ein Gepäcksowie ein Zugführerabteil unterzubringen gar nicht so abenteuerlich, wie er später erschien. Man hoffte, Zuggewicht durch einen zusätzlichen Gepäckwagen zu sparen und so Leichtschnellzüge zwischen den Städten mit extra dafür vorgesehenen Wagen einsetzen zu können.

Irgendwie ließen sich die Vorstellungen nicht in die Tat umsetzen und die Gepäcktriebwagen wurden im Rahmen von durch starke Korrosion der Wagenkästen notwendigen Hauptuntersuchungen ein erstes Mal verändert und danach als Baureihe 1046 als normale Elektrolokomotiven geführt.

1988 erfolgte in der Hauptwerkstätte Linz der völlige Neuaufbau der Lokkästen, wobei die Eckfenster wie bei der Baureihe 1042 entfernt wurden. Sie erhielten Zweifrequenzmotoren um jetzt auch im grenzüberschreitenden Verkehr nach der Slowakei, Tschechien und Ungarn im Schnellzug-, Personenzug und Güterverkehr einsetzbar zu sein. Eine baldige Ausmusterung ist vorgesehen.

Indienststellung: 1956-59
Anzahl: 25 Gepäcklokomotiven
Hersteller: SGP Floridsdorf
Elektrische Ausrüstung: ELIN

Achsanordnung: Bo'Bo'
Länge über Puffer: 16,23 m
Antrieb: Einseitiger Sècheron Lamellenantrieb
Pantographen: Scherenstromabnehmer V, ab 1987 durch Einholmstromabnehmer VII ersetzt
Dienstgewicht: 67 t
Leistung: 1600 kVA
Höchstgeschwindigkeit: 140 km/h

Einsatz: Der ursprünglich anvisierte Einsatz vor Leichtschnellzügen ließ sich wegen des desolaten Oberbaus auf den Provinzstrecken nicht verwirklichen. Die Maschinen wanderten als Baureihe 1046 in den regionalen Personenzugdienst ab und wurden von der ZfL Linz im Verkehr zwischen St. Valentin und Selzthal, wie auch von Amstetten nach Linz und Selzthal eingesetzt.

Die ZfL Wien Süd beheimatete sehr lange diese Baureihe. Sie konnte auf der Strecke Wien Süd-Ebenfurth und Wiener Neustadt beobachtet werden.

1046.01

1046.15

F
F
1046.25

1046.05

1046.08

1046.07

St Johann-Weistrach
1046.19

1046.22

Bilddaten 1046

174ol ÖBB 1046.03 am 28.07.1978 bei Ebenfurth
174or ÖBB 1046.02 am 02.05.1979 bei Ebenfurth
174mr ÖBB 1046.01 am 06.03.1980 in Wien Südbf
174ul ÖBB 1046 022-8 am 11.01.2000 in Wien Ostbf
174ur ÖBB 1046.25 am 20.05.1983 bei Ebenfurth
175ul ÖBB 1046 019-4 am 16.06.1987 Wien Westbf
175ur ÖBB 1046.23 am 05.03.1979 im Bf Hieflau
176ol ÖBB 1046.01 am 28.07.1978 bei Ebenfurth
176or ÖBB 1046.15 am 28.07.1978 bei Ebenfurth
176ul ÖBB 1046.25 am 20.05.1983 bei Ebenfurth
176ur ÖBB 1046.05 am 29.07.1978 bei Ebenfurth
177o ÖBB 1046.08 am 22.10.1978 bei Ebenfurth
177u ÖBB 1046.07 am 15.05.1981 ZfL Wien Süd
178o ÖBB 1046.19 am 28.10.1978 St.Johann-Weistrach
178u ÖBB 1046.22 am 04.05.1979 bei Eichgraben
179o ÖBB 1046.24 am 15.12.1978 im Bf St.Valentin
179ur ÖBB 1046 005-3 am 04.01.2000 in Wien Ostbf.

1570.01

KIOSK
1570.01

1570.01

ÖBB
1570.01

ÖBB 1570

Die Arlbergstrecke wurde auf ihren Bergabschnitten seit der Aufnahme des elektrischen Betriebs 1923 zur vollen Zufriedenheit von der Arlberglokomotive BBÖ 1100 (bei der ÖBB 1089) bedient. Ihre Höchstgeschwindigkeit von 65 km/h war für diese Strek- kenteile durchaus ausreichend. Anders stellte sich allerdings die Situation auf den schneller zu befahrenden Talstrecken zwischen Innsbruck und Landeck sowie Bludenz und Bregenz dar. So wurde für diese Abschnitte eine sogenannte *Talschnellzug-Lokomotive* gefordert, für die die Lokomotivfabrik Krauss eine für damalige Verhältnisse außergewöhnliche Konstruktion vorschlug. Anstelle des üblichen Stangenantriebs wurde die als Baureihe BBÖ 1570 bezeichnete Maschine mit Einzelachsantrieb versehen. Dabei wurden die im Maschinenraum einzeln vertikal aufgestellten Motoren über Kegelräder mit den Achsen verbunden. Die spätere Baureihe 1570 war 1925 in Österreich also die erste Streckenlokomotive ohne Stangenantrieb, ein Übergang der in Deutschland erst zehn Jahre später vollzogen wurde. Die jetzt möglichen Drehgestelle trugen wesentlich zur Laufruhe der Maschinen bei hohen Geschwindigkeiten bei. Die Baureihe 1570 bewährte sich von Anfang an sehr gut. Die aufwendige Konstruktion zog allerdings hohe Unterhaltungskosten nach sich.

Indienststellung: 1926
Anzahl: 4 Talschnellzug-Lokomotiven
Hersteller: Lokomotivfabrik Krauss Linz
Elektrische Ausrüstung: Siemens-Schuckert

Achsfolge: (1A)'Bo(A1)'
Länge über Puffer: 14,10 m
Antrieb: SSW-Vertikalantrieb
Pantographen: Scherenstromabnehmer IV
Dienstgewicht: 94 t
Leistung: 1600 kVA
Höchstgeschwindigkeit: 85 km/h

Einsatz: Auf der elektrifizierten Arlbergstrecke zuerst vor Schnellzügen auf den schnellen Talstrecken zwischen Kufstein und Landeck sowie Bludenz und Bregenz.

Die letzten Vertreter dienten in den 70er Jahren noch im Bahnhofsverschub von Bregenz. Die endgültige Ausmusterung erfolgte 1978.

Die hier bei ihren letzten Einsätzen in Bregenz gezeigte 1570.01 erhielt einen Platz im Technischen Museum in Wien. Begründet wurde diese Auszeichnung, weil diese Baureihe die erste Lokreihe in Österreich gewesen ist, die das bis dahin übliche Prinzip des Stangenantriebs verlassen hat und damit eine neue Generation darstellte.

1670.28

1670.24

ÖBB 1670.0
ÖBB 1670.1

Für die weitere Elektrifizierung der Westbahn von Innsbruck über Saalfelden nach Salzburg wurden zusätzliche Schnellzuglokomotiven benötigt, um gegenüber der bayerischen Parallelstrecke zwischen der Schweiz und Salzburg konkurrenzfähig zu bleiben. Nach dem sich die Drehgestell-Lokomotive der Baureihe 1570 im großen und ganzen gut bewährt hatte, entschloß man sich, diesen Typ mit verbesserter Leistungsfähigkeit weiterzubauen. Das war nicht ganz unproblematisch, weil der Achsdruck zwar von 14,5 auf 16,5 t erhöht werden durfte, aber dennoch Gewichtsprobleme auftraten. Im Gegensatz zur Baureihe 1570 bewährte sich die Baureihe 1670 anfangs überhaupt nicht und blieb auch nach vielen Verbesserungen und Umbauten ein stetes Sorgenkind der Einsatzleitungen. Sie blieb während ihrer gesamten Laufzeit eine kostenintensive und störanfällige Konstruktion.

Nicht einmal die Eisenbahnfreunde hatten diesen Lokomotivtyp in ihr Herz geschlossen. Immer wartete man auf die Krokodillokomotiven mit ihrem charakteristischen Stangenantrieb und dem mahlenden Geräusch. Die Baureihe blieb dagegen bis zu ihrer Ausmusterung so gut wie unbeachtet.

Indienststellung:
ÖBB 1670.01-29: 1928-31
ÖBB 1670.101-105 : 1932
Anzahl: 1670.0: 29, 1670.1: 5 Lokomotiven
Hersteller: 1670.01-24: Lokomotivfabrik Krauss, alle übrigen Wiener Lokomotivfabrik
Elektrische Ausrüstung: Siemens Schuckert

Achsanordnung: (1A)'Bo(A1)'
Länge über Puffer: 1670.0: 14,46, 1670.1: 14,68 m
Antrieb: SSW-Vertikalantrieb
Pantographen: Scherenstromabnehmer IV
Dienstgewicht: 1670.0: 107 t, 1670.1: 112 t
Leistung: 2350 kVA
Höchstgeschwindigkeit: 100 km/h
Einsatz: Während der ganzen Laufzeit fast nur in Vorarlberg und Tirol.

In den 70er Jahren konzentrierte sich der Einsatz neben der Stammstrecke über den Arlberg vor allem auf die Bedienung des Personenverkehrs von Innsbruck zum Brenner und auf den Vorspannverkehr von Wörgl nach Saalfelden.

Die Ausmusterung begann 1977 und war 1983 abgeschlossen.

1670.02
Anhebegerät

1670.27

1670.08

1670.17

1670.05

1670.01

1670.22

Bilddaten ÖBB 1570 und ÖBB 1670

180ol ÖBB 1570.01 am 15.06.1977 im Bf Bregenz
180or ÖBB 1570.01 am 15.06.1977 im Bf Bregenz
180mr ÖBB 1570.01 am 15.06.1977 im Bf Bregenz
180u ÖBB 1570.01 am 15.06.1977 im Bf Bregenz
181u ÖBB 1570.01 am 15.06.1977 im Bf Bregenz
182o ÖBB 1670.28 am 28.05.1978
182u ÖBB 1670.24 am 15.06.1977 im Bf Bregenz
183u ÖBB 1670.104 am 21.11.1979 in Bludenz
184o ÖBB 1670.02 am 04.01.1979 in Wörgl
184u ÖBB 1670.27 am 20.11.1979 im Bf Bludenz
185o ÖBB 1670.08 und ÖBB 1010.02 am 07.03.1979 im Bf Wörgl
185u ÖBB 1670.17 am 21.11.1979 im Bf Bregenz
186o ÖBB 1670.05 am 26.05.1978 bei Steinach
186u ÖBB 1670.01 am 26.05.1978 bei Steinach
187o ÖBB 1670.28 am 30.05.1978 bei Pians
187u ÖBB 1670.23 am 30.05.1978 bei Pians
188o ÖBB 1670.17 am 21.11.1979 bei Wald am Arlberg
188u ÖBB 1670.22 am 21.11.1979 bei Wald am Arlberg
189or ÖBB 1670.28 am 28.05.1978 Moltertobel Tunnel
198u ÖBB 1670.29 am 28.05.1978 Moltertobel Tunnel Man beachte die noch aus der Anfangszeit der Elektrifizierung stammenden Oberleitungsmasten vor der Tunneleinfahrt, die vor allem die Aufgabe hatten, die Stromabnehmer herunterzudrücken.

ÖBB 1072

Indienststellung: 1914-16
Anzahl: 8 Lokomotiven
Hersteller: Grazer Waggon- und Maschinenfabriks AG
Elektrische Ausrüstung: AEG Union
Umbau: 6 Maschinen wurden ab 1959 modernisiert und erhielten einen neuen Wagenkasten mit heruntergezogenem Dach

Achsanordnung: 1'B1
Länge über Puffer: 10,53 m
Antrieb: Parallelkurbel Blindwellen Schrägstangenantrieb
Pantographen: Scherenstromabnehmer V
Dienstgewicht: 56 t
Leistung: 600 kVA
Höchstgeschwindigkeit: 60 km/h

Einsatz: Für die Preßburgerbahn in Auftrag gegeben versahen sie auf dieser Strecke bis zum Kriegsende den Personenverkehr ohne größere Schwierigkeiten.
Nach dem Kriege wurde die verbliebene Reststrecke zuerst mit Dampf geführt. Nach der erneuten Elektrifizierung 1962 versah die Baureihe 1072 bis 1972 wiederum den Personenverkehr von Groß Schwechat bis nach Wien Nord.

ÖBB 1073

Indienststellung: 1923-24
Anzahl: 20 Lokomotiven
Hersteller: Lokomotivfabrik der Staatseisenbahngesellschaft (St.E.G.) in Wien
Elektrische Ausrüstung: AEG Union

Achsanordnung: 1'C1'
Länge über Puffer: 12,81 m
Antrieb: Gruppenstangenantrieb mit Vorgelege
Pantagraphen: Scherenstromabnehmer I
Dienstgewicht: 74 t
Leistung: 1160 kVA
Höchstgeschwindigkeit: 70-80 km/h

Einsatz: Die Baureihe BBÖ 1029 (wie die 1073 1923 bezeichnet wurde) sollte als Schnell- und Personenzuglokomotive auf den neu elektrifizierten Talstrecken einen attraktiven Verkehr anbieten. Dementsprechend erfolgte der erste Einsatz auf der Strecke Innsbruck-Telfs und bald bis Landeck.

Als 1924 auch die Salzkammergutstrecke von Attnang-Puchheim nach Stainach-Irdning durchgehend elektrifiziert war, kam die Baureihe 1029 auch hier vor allen Zuggattungen zum Einsatz. So folgte diese Baureihe auch weiterhin dem Fortschreiten der Elektrifizierung nach Vorarlberg auf die Strecke Bludenz-Bregenz und schließlich auf die Westbahn von Salzburg nach Attnang-Puchheim.

In der Reichsbahnzeit zog die DRG sogar sieben Maschinen auf die Schwarzwaldbahn ab. Sie kehrten im Austausch gegen in Österreich verbliebene deutsche Lokomotiven 1947-52 zurück.

Nach dem Kriege wurden in der Zentralwerkstätte Linz zehn Maschinen modernisiert und im Wiener Raum eingesetzt. Von dort wurden sie zu ihrer ursprünglichen Heimatdienststelle Attnang-Puchheim zurückgeführt, als genügend Neubaumaschinen angeliefert waren. Dort fand die Ausmusterung bis 1972 statt.

Die auf diesen beiden Seiten gezeigten Bilder sind zugegeben nicht besonders aufregend. Wegen ihrer Seltenheit sollten sie dennoch in diesem Bildband nicht fehlen.

Schlußwort
Die Bilder des vergangenen 20. Jahrhunderts verblassen.........

Nach weit über 400 Bildeindrücken von den Strekken-Elektrolokmotiven des vergangenen Jahrhunderts sind wir am Ende des ersten Bandes über *Elektrolokomotiven von gestern* angekommen. Was zuerst sicher auch in Ihrer Vorstellung als ein wenig interessanter Einheitsbrei von sich nur wenig voneinander unterscheidenden Lokomotiven der Massenfertigung ausmachte, entpuppte sich zunehmend als aufregendes Teilgebiet der Eisenbahn. Auch die Elektrolokomotiven des 20. Jahrhunderts gehören jetzt schon zu unserem technischen Kulturerbe, das es gilt, der Vergessenheit entrissen zu werden. Viele noch fahrtüchtige und immer wieder auf Sonderfahrten präsentierte Elektrolokomotiven werden von den Bahnverwaltungen in tadellosem Zustand erhalten. Dafür gebührt ihnen und den vielen ehrenamtlichen Helfern Dank.

Für immer aber verschwunden ist der Alltagsbetrieb der Eisenbahn von gestern. Ihn noch einmal in ausgewählten Bildern zu präsentieren und einen Überblick über die Lokomotiven von gestern zu geben und damit das gemeinsam Erlebte wieder vor dem geistigen Auge in die Erinnerung zurück zu rufen, dem sollen die Bände über die *Eisenbahn von gestern* dienen, deren erster Band über die *Elektrolokomotiven von gestern* hier vorliegt. Die Aufnahmen entstanden zumeist in dem Jahrzehnt von 1975-1985. Es war genau der richtige Zeitraum für die Aufnahme der Bilder. Denn Mitte der 70er Jahre stand sowohl in Deutschland als auch in Österreich die große Ablösung der Vorkriegsbaureihen bevor, die noch einen Einblick in die Anfangszeit der Elektrotraktion bei der Eisenbahn gewährte. Noch fuhren die ältesten Elektrolokomotiven der Deutschen Bundesbahn zwischen Murnau und Oberammergau sowie der Österreichischen Bundesbahnen zwischen Wien Nord und Groß Schwechat. Es waren Konstruktionen der großen Lokomotiv- und Elektromotorenfabriken aus der Zeit vor dem ersten Weltkrieg.

Die Zeit lief schnell davon. Schon bald waren die alten Baureihen verschwunden, der Verschrottung preisgegeben. Die Lokomotiven sind verschwunden, die Bilder werden bleiben und auch weiterhin von einer Zeit künden, in der der technische Fortschritt unaufhaltsam die Entwicklung neuer Verkehrsmittel bestimmte und beschleunigte. Und mit den Bildern werden die Erinnerungen an diese Zeit in uns weiterleben und von glücklichen Erlebnissen künden......

Dank gebührt den vielen Eisenbahnern die bei meinen Aufnahmen hilfreich zur Seite standen und ohne deren tatkräftige Mitarbeit ein solches Werk nicht möglich wäre. Neben vielen andern Helfern sei mein Verleger Dieter Krone dankbar erwähnt, der wiederum das Risiko freudig auf sich nahm.